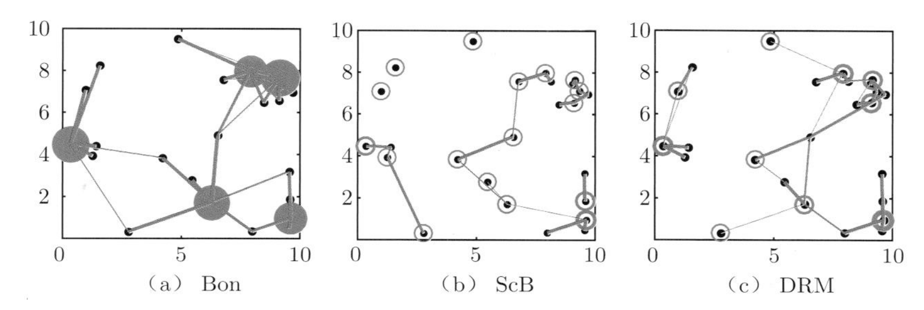

（a） Bon （b） ScB （c） DRM

图 **3.3** 算法 **Bon，ScB** 和 **DRM** 的拓扑结构分析

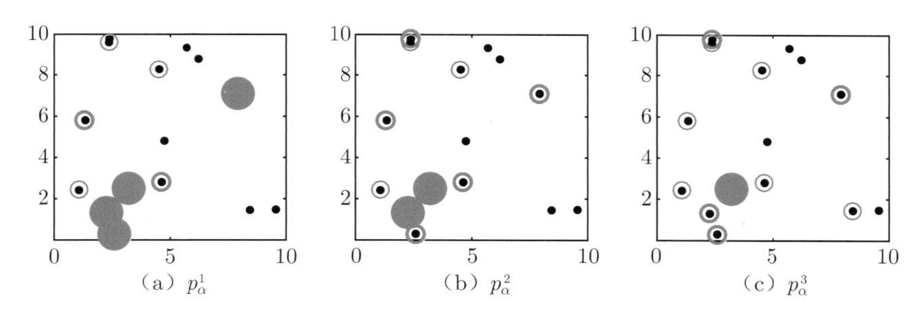

（a）p_α^1 （b）p_α^2 （c）p_α^3

图 **5.1** 三种近似方法对应的最优选址决策

清华大学优秀博士学位论文丛书

基于分布式鲁棒优化的应急救援系统选址模型和算法研究

刘康琳（Liu Kanglin）著

A Distributionally Robust Optimization Approach to Emergency Facility Location Problems: Models and Algorithms

清华大学出版社
北京

内容简介

高效的应急救援系统对于降低生命和财产损失具有重要意义，选址决策作为战略规划，具有长期的影响力。本书考虑了应急救援过程中可能存在的中断风险、需求波动，以及其他潜在的多重不确定性，采用分布式鲁棒优化方法决策应急设施选址和物资储备方式，改善了救援过程中的资金不足、救援质量下降等问题，利用理论性质对模型进行有效近似，提出了外逼近、分支剪界等算法加速求解效率。研究结果显示，本书的模型较为全面地刻画了实际应急系统，显著提升了传统算法的运算速度，同时有效兼顾了实际救援过程中的效率和公平。

本书可供管理科学与工程学、工业工程、交通运输工程、物流工程及物流管理方向的高年级本科生、研究生及相关领域科研人员参考。

版权所有，侵权必究。举报：010-62782989, beiqinquan@tup.tsinghua.edu.cn。

图书在版编目（CIP）数据

基于分布式鲁棒优化的应急救援系统选址模型和算法研究 / 刘康琳著.—北京：清华大学出版社，2022.5（2023.11重印）
（清华大学优秀博士学位论文丛书）
ISBN 978-7-302-60237-8

Ⅰ. ①基… Ⅱ. ①刘… Ⅲ. ①突发事件-救援-公共场所-选址-布局-最优化算法-研究 Ⅳ. ①TU984.199

中国版本图书馆 CIP 数据核字（2022）第 036196 号

责任编辑：戚　亚
封面设计：傅瑞学
责任校对：王淑云
责任印制：宋　林

出版发行：清华大学出版社
网　　址：https://www.tup.com.cn，https://www.wqxuetang.com
地　　址：北京清华大学学研大厦 A 座　　邮　　编：100084
社 总 机：010-83470000　　邮　　购：010-62786544
投稿与读者服务：010-62776969，c-service@tup.tsinghua.edu.cn
质量反馈：010-62772015，zhiliang@tup.tsinghua.edu.cn
印 装 者：三河市东方印刷有限公司
经　　销：全国新华书店
开　　本：155mm×235mm　　印　张：10.5　　插　页：1　　字　数：160 千字
版　　次：2022 年 7 月第 1 版　　印　次：2023 年11月第 3 次印刷
定　　价：79.00 元

产品编号：092371-01

一流博士生教育
体现一流大学人才培养的高度（代丛书序）[①]

人才培养是大学的根本任务。只有培养出一流人才的高校，才能够成为世界一流大学。本科教育是培养一流人才最重要的基础，是一流大学的底色，体现了学校的传统和特色。博士生教育是学历教育的最高层次，体现出一所大学人才培养的高度，代表着一个国家的人才培养水平。清华大学正在全面推进综合改革，深化教育教学改革，探索建立完善的博士生选拔培养机制，不断提升博士生培养质量。

学术精神的培养是博士生教育的根本

学术精神是大学精神的重要组成部分，是学者与学术群体在学术活动中坚守的价值准则。大学对学术精神的追求，反映了一所大学对学术的重视、对真理的热爱和对功利性目标的摒弃。博士生教育要培养有志于追求学术的人，其根本在于学术精神的培养。

无论古今中外，博士这一称号都和学问、学术紧密联系在一起，和知识探索密切相关。我国的博士一词起源于2000多年前的战国时期，是一种学官名。博士任职者负责保管文献档案、编撰著述，须知识渊博并负有传授学问的职责。东汉学者应劭在《汉官仪》中写道："博者，通博古今；士者，辩于然否。"后来，人们逐渐把精通某种职业的专门人才称为博士。博士作为一种学位，最早产生于12世纪，最初它是加入教师行会的一种资格证书。19世纪初，德国柏林大学成立，其哲学院取代了以往神学院在大学中的地位，在大学发展的历史上首次产生了由哲学院授予的哲学博士学位，并赋予了哲学博士深层次的教育内涵，即推崇学术自由、创造新知识。哲学博士的设立标志着现代博士生教育的开端，博士则被定义为

① 本文首发于《光明日报》，2017年12月5日。

独立从事学术研究、具备创造新知识能力的人，是学术精神的传承者和光大者。

博士生学习期间是培养学术精神最重要的阶段。博士生需要接受严谨的学术训练，开展深入的学术研究，并通过发表学术论文、参与学术活动及博士论文答辩等环节，证明自身的学术能力。更重要的是，博士生要培养学术志趣，把对学术的热爱融入生命之中，把捍卫真理作为毕生的追求。博士生更要学会如何面对干扰和诱惑，远离功利，保持安静、从容的心态。学术精神，特别是其中所蕴含的科学理性精神、学术奉献精神，不仅对博士生未来的学术事业至关重要，对博士生一生的发展都大有裨益。

独创性和批判性思维是博士生最重要的素质

博士生需要具备很多素质，包括逻辑推理、言语表达、沟通协作等，但是最重要的素质是独创性和批判性思维。

学术重视传承，但更看重突破和创新。博士生作为学术事业的后备力量，要立志于追求独创性。独创意味着独立和创造，没有独立精神，往往很难产生创造性的成果。1929 年 6 月 3 日，在清华大学国学院导师王国维逝世二周年之际，国学院师生为纪念这位杰出的学者，募款修造“海宁王静安先生纪念碑”，同为国学院导师的陈寅恪先生撰写了碑铭，其中写道：“先生之著述，或有时而不章；先生之学说，或有时而可商；惟此独立之精神，自由之思想，历千万祀，与天壤而同久，共三光而永光。”这是对于一位学者的极高评价。中国著名的史学家、文学家司马迁所讲的“究天人之际，通古今之变，成一家之言”也是强调要在古今贯通中形成自己独立的见解，并努力达到新的高度。博士生应该以“独立之精神、自由之思想”来要求自己，不断创造新的学术成果。

诺贝尔物理学奖获得者杨振宁先生曾在 20 世纪 80 年代初对到访纽约州立大学石溪分校的 90 多名中国学生、学者提出：“独创性是科学工作者最重要的素质。”杨先生主张做研究的人一定要有独创的精神、独到的见解和独立研究的能力。在科技如此发达的今天，学术上的独创性变得越来越难，也愈加珍贵和重要。博士生要树立敢为天下先的志向，在独创性上下功夫，勇于挑战最前沿的科学问题。

批判性思维是一种遵循逻辑规则、不断质疑和反省的思维方式，具有批判性思维的人勇于挑战自己，敢于挑战权威。批判性思维的缺乏往往被认为是中国学生特有的弱项，也是我们在博士生培养方面存在的一个普遍问题。2001 年，美国卡内基基金会开展了一项“卡内基博士生教育创新计划”，针对博士生教育进行调研，并发布了研究报告。该报告指出：在美国和欧洲，培养学生保持批判而质疑的眼光看待自己、同行和导师的观点同样非常不容易，批判性思维的培养必须成为博士生培养项目的组成部分。

对于博士生而言，批判性思维的养成要从如何面对权威开始。为了鼓励学生质疑学术权威、挑战现有学术范式，培养学生的挑战精神和创新能力，清华大学在 2013 年发起“巅峰对话”，由学生自主邀请各学科领域具有国际影响力的学术大师与清华学生同台对话。该活动迄今已经举办了 21 期，先后邀请 17 位诺贝尔奖、3 位图灵奖、1 位菲尔兹奖获得者参与对话。诺贝尔化学奖得主巴里·夏普莱斯（Barry Sharpless）在 2013 年 11 月来清华参加“巅峰对话”时，对于清华学生的质疑精神印象深刻。他在接受媒体采访时谈道：“清华的学生无所畏惧，请原谅我的措辞，但他们真的很有胆量。”这是我听到的对清华学生的最高评价，博士生就应该具备这样的勇气和能力。培养批判性思维更难的一层是要有勇气不断否定自己，有一种不断超越自己的精神。爱因斯坦说：“在真理的认识方面，任何以权威自居的人，必将在上帝的嬉笑中垮台。”这句名言应该成为每一位从事学术研究的博士生的箴言。

提高博士生培养质量有赖于构建全方位的博士生教育体系

一流的博士生教育要有一流的教育理念，需要构建全方位的教育体系，把教育理念落实到博士生培养的各个环节中。

在博士生选拔方面，不能简单按考分录取，而是要侧重评价学术志趣和创新潜力。知识结构固然重要，但学术志趣和创新潜力更关键，考分不能完全反映学生的学术潜质。清华大学在经过多年试点探索的基础上，于 2016 年开始全面实行博士生招生“申请–审核”制，从原来的按照考试分数招收博士生，转变为按科研创新能力、专业学术潜质招收，并给予院系、学科、导师更大的自主权。《清华大学“申请–审核”制实施办法》明晰了导师和院系在考核、遴选和推荐上的权力和职责，同时确定了规范的流程及监管要求。

在博士生指导教师资格确认方面，不能论资排辈，要更看重教师的学术活力及研究工作的前沿性。博士生教育质量的提升关键在于教师，要让更多、更优秀的教师参与到博士生教育中来。清华大学从 2009 年开始探索将博士生导师评定权下放到各学位评定分委员会，允许评聘一部分优秀副教授担任博士生导师。近年来，学校在推进教师人事制度改革过程中，明确教研系列助理教授可以独立指导博士生，让富有创造活力的青年教师指导优秀的青年学生，师生相互促进、共同成长。

在促进博士生交流方面，要努力突破学科领域的界限，注重搭建跨学科的平台。跨学科交流是激发博士生学术创造力的重要途径，博士生要努力提升在交叉学科领域开展科研工作的能力。清华大学于 2014 年创办了“微沙龙”平台，同学们可以通过微信平台随时发布学术话题，寻觅学术伙伴。3 年来，博士生参与和发起“微沙龙”12 000 多场，参与博士生达 38 000 多人次。“微沙龙”促进了不同学科学生之间的思想碰撞，激发了同学们的学术志趣。清华于 2002 年创办了博士生论坛，论坛由同学自己组织，师生共同参与。博士生论坛持续举办了 500 期，开展了 18 000 多场学术报告，切实起到了师生互动、教学相长、学科交融、促进交流的作用。学校积极资助博士生到世界一流大学开展交流与合作研究，超过 60% 的博士生有海外访学经历。清华于 2011 年设立了发展中国家博士生项目，鼓励学生到发展中国家亲身体验和调研，在全球化背景下研究发展中国家的各类问题。

在博士学位评定方面，权力要进一步下放，学术判断应该由各领域的学者来负责。院系二级学术单位应该在评定博士论文水平上拥有更多的权力，也应担负更多的责任。清华大学从 2015 年开始把学位论文的评审职责授权给各学位评定分委员会，学位论文质量和学位评审过程主要由各学位分委员会进行把关，校学位委员会负责学位管理整体工作，负责制度建设和争议事项处理。

全面提高人才培养能力是建设世界一流大学的核心。博士生培养质量的提升是大学办学质量提升的重要标志。我们要高度重视、充分发挥博士生教育的战略性、引领性作用，面向世界、勇于进取，树立自信、保持特色，不断推动一流大学的人才培养迈向新的高度。

邱勇

清华大学校长

2017 年 12 月 5 日

丛书序二

以学术型人才培养为主的博士生教育，肩负着培养具有国际竞争力的高层次学术创新人才的重任，是国家发展战略的重要组成部分，是清华大学人才培养的重中之重。

作为首批设立研究生院的高校，清华大学自 20 世纪 80 年代初开始，立足国家和社会需要，结合校内实际情况，不断推动博士生教育改革。为了提供适宜博士生成长的学术环境，我校一方面不断地营造浓厚的学术氛围，一方面大力推动培养模式创新探索。我校从多年前就已开始运行一系列博士生培养专项基金和特色项目，激励博士生潜心学术、锐意创新，拓宽博士生的国际视野，倡导跨学科研究与交流，不断提升博士生培养质量。

博士生是最具创造力的学术研究新生力量，思维活跃，求真求实。他们在导师的指导下进入本领域研究前沿，吸取本领域最新的研究成果，拓宽人类的认知边界，不断取得创新性成果。这套优秀博士学位论文丛书，不仅是我校博士生研究工作前沿成果的体现，也是我校博士生学术精神传承和光大的体现。

这套丛书的每一篇论文均来自学校新近每年评选的校级优秀博士学位论文。为了鼓励创新，激励优秀的博士生脱颖而出，同时激励导师悉心指导，我校评选校级优秀博士学位论文已有 20 多年。评选出的优秀博士学位论文代表了我校各学科最优秀的博士学位论文的水平。为了传播优秀的博士学位论文成果，更好地推动学术交流与学科建设，促进博士生未来发展和成长，清华大学研究生院与清华大学出版社合作出版这些优秀的博士学位论文。

感谢清华大学出版社，悉心地为每位作者提供专业、细致的写作和出版指导，使这些博士论文以专著方式呈现在读者面前，促进了这些最新的优秀研究成果的快速广泛传播。相信本套丛书的出版可以为国内外各相关领域或交叉领域的在读研究生和科研人员提供有益的参考，为相关学科领域的发展和优秀科研成果的转化起到积极的推动作用。

感谢丛书作者的导师们。这些优秀的博士学位论文，从选题、研究到成文，离不开导师的精心指导。我校优秀的师生导学传统，成就了一项项优秀的研究成果，成就了一大批青年学者，也成就了清华的学术研究。感谢导师们为每篇论文精心撰写序言，帮助读者更好地理解论文。

感谢丛书的作者们。他们优秀的学术成果，连同鲜活的思想、创新的精神、严谨的学风，都为致力于学术研究的后来者树立了榜样。他们本着精益求精的精神，对论文进行了细致的修改完善，使之在具备科学性、前沿性的同时，更具系统性和可读性。

这套丛书涵盖清华众多学科，从论文的选题能够感受到作者们积极参与国家重大战略、社会发展问题、新兴产业创新等的研究热情，能够感受到作者们的国际视野和人文情怀。相信这些年轻作者们勇于承担学术创新重任的社会责任感能够感染和带动越来越多的博士生，将论文书写在祖国的大地上。

祝愿丛书的作者们、读者们和所有从事学术研究的同行们在未来的道路上坚持梦想，百折不挠！在服务国家、奉献社会和造福人类的事业中不断创新，做新时代的引领者。

相信每一位读者在阅读这一本本学术著作的时候，在吸取学术创新成果、享受学术之美的同时，能够将其中所蕴含的科学理性精神和学术奉献精神传播和发扬出去。

清华大学研究生院院长

2018 年 1 月 5 日

导师序言

本书的编辑出版恰逢新冠疫情世界范围依然流行、极端天气导致的郑州大雨刚刚结束之时，这些事件中的应急救援活动给人们留下了深刻印象。本书针对应急救援设施的选址决策开展理论研究和案例分析，正好迎合了当前热点，反映了研究工作的重要价值。非常感谢清华大学和清华大学出版社的支持，使作者的博士学位论文研究工作能够入选“清华大学优秀博士学位论文丛书”项目。本人也非常荣幸为本书作序。

应急救援在现代社会发展中扮演着越来越重要的角色。它用来减少由于自然灾害（例如极端天气、地震、疫情等）或者人为因素（恐怖袭击、核泄漏等）给人类社会经济系统造成的巨大生命和财产损失。应急救援服务包括灾害发生前、灾害发生时和灾害发生后三个阶段。灾前决策能显著提高救援过程中的救援效率、缩短响应时间、降低救援成本。因此，针对灾前决策的研究得到了学术界的广泛关注。

本书作者针对灾害发生前的应急救援设施选址这一战略性决策开展研究。特别是考虑了救援过程中来自需求端和供给端的不确定因素，采用分布鲁棒优化方法对它们进行数学建模，进而分别针对三类重要的救援设施选址问题开展了理论研究和实证分析，包括考虑需求不确定性的救助站选址问题、在 Wasserstein 模糊集内考虑供给中断风险的选址问题、综合考虑需求端和供给端的不确定性的救助站选址问题。研究工作结合问题特征、数据可得性，以及模型易计算性的要求，对问题进行了数学建模研究；通过分析模型结构特征，开发了高效的最优算法。模型和算法在以实际案例数据为基础的数值分析中表现出优秀的性能；通过算例分析，探索了相应的应急救援设施选址决策中的若干管理规律。

本书的研究应用分布鲁棒优化方法，在应急救援设施选址领域的建模和算法研究中具有较强的学术创新性，体现了研究工作的学术理论价值。同时，通过案例分析，展示了模型和算法在实际场景中的应用和效果，为不确定环境中应急救援系统的设施选址决策提供了一套可行的优化决策工具，反映出研究工作的应用价值。

当前，在新冠疫情世界范围的大流行、极端天气导致的郑州大雨等事件中，应急救援系统在降低灾害的影响方面起到了重要的作用，也使人们愈发认识到规划建设有效的应急救援系统对于经济社会正常运行的重要意义。本书的工作综合应用了数据驱动的决策理论、优化技术和数据科学方法，对应急救援系统的选址决策进行了开创性的学术研究工作，表明这些方法在应急救援决策中的有效性，为进一步开展本领域深入的理论研究，探索了一条可行的研究技术路线；此外，研究成果的案例研究也预示了定量的科学优化决策方法可以为决策者高效地提供实际可用的解决方案，为提升应急救援系统的决策质量和效率提供有效的工具，从而进一步提升我国应急救援系统在面临突发应急事件时的应对效率和效果。

张智海

2021 年 8 月 6 日于北京

摘　要

应急救援系统不仅可以对日常紧急情况（如火灾、地震、急救电话等）做出实时响应，更可以在面临大规模灾难（如自然灾害、大规模疫情等）时缩短救援时间、提高救援效果，对于降低生命和财产损失具有重要意义。由于突发紧急情况具有高度不确定性，灾时需求量、灾难发生频次、响应时间、道路情况、库存剩余等诸多方面的随机因素使得与应急物流相关的优化问题变得更加复杂。同时，联合国人道主义事务协调办公室的调研报告显示，救援过程中的资金不足问题日趋明显。选址决策作为战略层规划，具有长期的影响力。如何使得选址决策更好地应对可能出现的中断风险、需求波动，以及其他潜在的多重不确定性，如何避免资金不足造成的救援质量下降现象，如何权衡运营成本、效率和公平之间的关系，成为应急救援领域亟待解决的问题。

本书按照应急系统的不确定性来源将随机变量分为两类，分别考虑了需求不确定性、供给不确定性，以及联合不确定性条件下的三类数学模型，并在分布式鲁棒优化的框架下求解。分布式鲁棒优化是近年来新兴的一类研究方法，根据应急系统突发事件频次低、历史数据少的特点，分布式鲁棒优化能够充分利用有限的历史数据对随机参数可能发生的最坏情况进行预估，使系统在最坏情况下的表现不致太差，在保证应急救援领域服务质量的同时最大限度地降低运营成本。

首先，本书将需求不确定性以联合机会约束的形式嵌入救助站选址和规模设定问题，并将原始模型近似为一个带有参数的二次锥规划问题；同时利用模型理论特点，讨论了联合机会约束与独立机会约束近似结果之间的关系。其次，本书探讨了考虑中断风险的应急救援系统选址问题，利用 0-1 变量刻画设施中断，将随机变量的分布模糊集限定在以实证分布为中心的 Wasserstein 鲁棒集内，采用数据驱动的两阶段优化方法，分析对比了分布式鲁棒优化和传统随机规划的表现；本书还通过有效不等式得到了第二阶段子问题的凸包，将混合整数规划模型等效为一个线性规划，并基于此得到了理论上的最坏情况分布，提出了两种高效的分支剪界算法。最后，本书同时考虑了应急救援系统的需求和供给随机性，利用随机变量的一二阶矩近似原始独立机会约束；在求解时，提出外逼近算法加速，并在实证数据集中验证了模型的效果。在本书的最后，我们对研究内容和创新点进行了总结，并提出了可能的拓展方向。

关键词：应急救援系统；选址问题；灾前准备；分布式鲁棒优化；不确定因素

Abstract

Emergency relief system can not only provide prompt response to common emergencies (such as fire, accidents and emergency calls), it can also shorten relief time, increase relief efficiency, decrease morbidity and mortality dramatically while under the attack of large-scale disasters (such as natural disaster, pandemic etc.). Common emergencies or large-scale disasters may face high uncertainty, such as demand, frequency, response time, traffic, inventory on-hand, etc. Meanwhile, the United Nations' Office for the Coordination of Humanitarian Assistance (OCHA) announced that funding deficit is becoming a prominent issue during the relief process. Location planning, which is a strategic planning decision, will lead to long-lasting effects. How to cope with the uncertainties from demand and supply sides, how to overcome the decrease of service quality due to limited budget, how to balance the trade-off between cost, efficiency and equity, have become urgent issues in the area of relief process.

In this book, we classify the uncertainties into two categories according to their sources, i.e., demand uncertainty and supply uncertainty. After that, we formulate three different models to describe the characteristics mentioned above, including uncertain demand, facility failure, and uncertainties from both sides. All of the problems are solved within the framework of distributionally robust optimization (DRO). DRO is an emerging approach to solve stochastic problems. Because the disasters are less frequent and lack of historical data, DRO can utilize limited empirical data to analysis the worst-case scenario from the ambiguity set, which could guarantee a satisfying system performance even under the worst-case. In the field of emergency relief process, it could ensure system efficiency with a relatively low budget.

Firstly, we consider the emergency medical facility location and sizing problem with joint chance constraints, where demand is assumed to be random. The original problem is reformulated as a parametric second-order cone program, we continue to develop some theoretical comparisons between the approximations of individual and joint chance constraints. Secondly, the book investigates a reliable facility location problem within Wasserstein ambiguity set, where facility failure is characterized as binary random variables. The superiority of the two-stage robust model is highlighted through a comprehensive comparison with classical stochastic programming methods. Notably, the second-stage subproblem can be simplified from integer programming to linear programming by adding some valid inequalities, we can figure out the convex hull of the subproblem. Based on the favorable properties of the reformulated model, two branch-and-cut algorithms are also implemented to increase computational efficiency. Last but not least, we combine the uncertainties from both of the demand and supply sides, and use the first two moments to approximate individual chance constraints, the original problem is finally reformulated as a second-order cone program. By proposing an efficient outer approximation algorithm, the problem is solved and verified through practical datasets. In the end, we conclude this book by summarizing the contributions, and propose several directions for future research.

Key Words: emergency relief system; location; disaster preparedness; distributionally robust optimization; uncertain factors

目　录

Contents

第 1 章 引　　言

1.1 研究背景及意义

近年来，应急救援过程在业界和学术界均受到越来越多的重视[1]。自然灾害（如地震、海啸、飓风、洪水等）[2-4] 和人为灾害（恐怖袭击、大规模游行罢工、核泄漏等）均可能对现有供应链产生毁灭性打击，从而造成巨大的生命和财产损失。例如，1999 年的台湾地震使戴尔公司被迫采取降价策略来保持产品竞争力[3]；2000 年 3 月，由闪电造成的火灾使菲律宾本土的半导体生产工厂瘫痪，电子产品经销商因此遭受了长达六个月的原材料短缺，致使爱立信在北美地区造成了高达 40 亿美元的经济损失[3]；2015 年，尼泊尔发生 8.1 级地震，共造成 8786 人死亡，经济损失 52.3 亿美元，超过 560 万人受灾[5]。Guha-Sapir 等人[5] 的研究显示，2015 年，自然灾害造成的经济财产和人身安全损失巨大，在已报道的 376 次自然灾害中，共造成 22765 人死亡，1.1 亿人受到灾害影响，所造成的财产损失超过 700 亿美元。

在此背景下，运营管理领域旗舰期刊 *Production and Operations Management* 设立了人道主义救援与灾难管理分部（Humanitarian Operations and Crisis Management，HO & CM)，并在 2014 年发布了与之相关的特刊[6]。该特刊指出，针对应急救援过程的优化问题越来越受到重视的主要原因包括：①灾难造成的损失不可忽视，且针对救援过程的优化研究明显不足；②红十字会、联邦应急管理局、牛津饥荒救济委员会等国际组织开始针对不同灾难启动应急管理优化策略；③新兴的研究方法为解决救援过程中的优化问题开辟了新途径。

与人道主义救援相关的优化决策按照突发紧急事件的顺序具体可以

分为三个阶段，即灾害发生前、灾害发生时和灾害发生后[7]，如图 1.1所示。在灾难发生前，优化策略主要体现在设施建设、设施加固、库存备货、服务匹配等战略性策略上。在灾难发生时，主要的优化任务是救灾物资的运输和人员疏散，需要结合灾情作出实时响应，包括资源再分配[8]、现场人员调度[9] 等。在灾难发生后，决策者需对灾后设施重建[10]、受损物资的修复、回收丢弃问题[11] 进行优化。

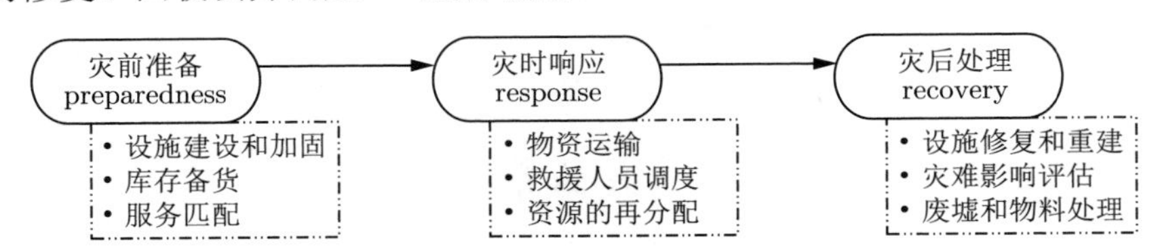

图 1.1 应急救援服务的阶段示意图

本书所研究的选址问题属于**灾前战略性决策**。Wassenhove 等人[12] 认为，灾前决策能显著提高救援过程中的救援效率、缩短响应时间、降低救援成本。考虑到自然灾害的不确定性和不可预测性，在灾前规划阶段，决策者需要通过有效的优化手段，预估灾害中可能发生的各种情况，提供足够的救灾物资，最大限度地减少伤亡人数[13]。此外，联合国人道主义事务协调办公室（OCHA）的调研报告显示，截至 2018 年 8 月，由于资金限制，在世界范围内共有 3800 万人无法接受任何人道主义援助，且资金不足的问题越来越明显[14]。近年来，大量研究开始关注救援系统的优化问题，如何在救援过程中兼顾效率和公平，确保在有限资的源下最大限度地提高救援质量；如何在有限成本下，提供高效的灾前选址、库存和分配决策，越来越受到研究人员的重视，详情可参见近年来的一些综述类文章[15-17]。

救援过程中的随机性可以按照来源大致分为两个部分：需求端和供给端[18]。需求端的不确定性与不同地区的受灾程度、人员密集程度、人口数等因素有关，在数学建模时主要表现为随机需求量。供给端的不确定性主要包括设施的运营情况（如设施在受灾情况下的剩余可用库存、能否提供正常服务等）和运输配送情况（如道路损毁情况、救援响应时间等），在数学建模时主要以设施是否中断、可用库存比例、道路是否中断等随机变量刻画。

除上述现实意义外，研究应急救援系统的选址问题还具有重要的理论意义。大部分选址问题对应的数学模型均为混合整数线性规划，且已有研究表明，即使最为基础的选址决策都已经被证明是 NP 难（NP-hard）的[19]。本书所考虑的救援系统选址问题在传统研究的基础上考虑了多种来源的不确定因素，将模型重构或近似为混合整数二次锥规划或两阶段随机规划，求解难度进一步加大。为加速求解效率，我们设计了多种精确算法，如分支剪界法、列和约束生成法、外逼近法等。此外，本书还利用了模型的理论性质（如最坏情况分析、有效不等式、最优条件等）对原始模型进行转换，进一步降低了求解难度。

1.2 研究内容及方法

已有文献大多采用随机规划（stochastic programming）的方式刻画系统不确定性，为了降低多重积分的计算负担，大部分研究均采用基于场景的优化策略。与基于确定性模型和人工决策的选址策略相比，基于场景的优化模型可以进一步提高系统的运营效率。例如，2011 年土耳其东部的凡省遭受了 7.2 级大地震，Kilci 等人[156] 采用基于场景的随机规划方法改进了土耳其红新月协会提出的避难所选址策略，实证结果显示，新提出的随机规划方法在降低加权运输距离、提高避难场所使用率方面具有明显优势。

然而，Snyder 在 2007 年的综述中[20] 指出，基于场景的求解方法存在两点不足之处：一是难于精确选择所选用的场景（scenario）；二是场景数量和计算效率之间存在权衡关系，当数量过大时，将难以求解；当数量较少时，则不能很好地表征系统特点。鲁棒优化（robust optimization）完美地解决了上述两个问题，与之相关的概念、定义和文献将在 2.5节详细介绍。Ni 等人[21] 以 2010 年玉树地震为研究背景，对比了确定性模型、两阶段随机规划模型和鲁棒优化模型在仓库选址和应急资源储备等方面的表现。研究结果显示，相对其他两类模型，鲁棒优化模型虽然在建造和库存成本上具有更大的投入，但显著降低了灾难发生时的缺货惩罚，使系统总成本与确定性模型和随机规划模型相比，分别降低了 19% 和 15% 左右。

为更好地处理应急救援过程中的极端不确定性，本书的三个研究内容全部采用分布式鲁棒优化（distributionally robust optimization）方法。分布式鲁棒优化是近年来新兴的描述事物不确定性的理论研究方法，其原理主要为将不确定因素限定在一个具有某些特定分布特征的集合中，在充分利用当前信息的基础上，最大限度地考虑可能发生的所有情况，从而提出鲁棒、可靠的优化策略。在应急救援领域，与随机规划和鲁棒优化相比，分布式鲁棒优化具备如下两个显著优势：①能够考虑应急救援过程中的最坏情况，使策略选择更为鲁棒；②分布式鲁棒优化能够最大限度地利用已有数据信息和分布信息，使策略选择更具针对性、减少传统鲁棒优化过于保守的特点。

除此之外，分布式鲁棒优化在运算效率和求解算法上均具备一定优势，现有研究成果可以保证算法在可接受时间内求得可行解，并已经成功应用到很多领域，如投资组合优化[22]、生产批量问题[23] 和预约调度[24]。然而，在应急救援领域，分布式鲁棒优化的应用尚处于起步阶段。本书的研究内容和对应具体解决方法主要包括如下方面。

研究内容一：考虑需求不确定性的紧急救助站选址问题

该研究内容主要考虑需求端不确定性对紧急救助站选址问题的影响。主要研究对象是急救中心。急救系统是现代社会医疗服务体系的重要组成部分，也在应急救援过程中发挥着重要作用。它不仅能对日常发生的紧急情况（如火灾、车祸和急救电话）作出实时响应，而且能在大规模灾害发生时，为实施救援、运送物资和紧急治疗提供基础保障，高效的救援系统能有效降低伤亡率，减轻灾害造成的损失。同时，急救中心可以作为库存中心储存一定的药品、急救设备和医疗物资，在发生紧急情况时为受影响地区提供物资支援。

在技术层面，无论是日常紧急情况还是大规模灾难，管理者都将面临相似的优化决策。以本书研究的灾前战略性决策为例，二者均需考虑设施选址、物资库存以及分配规则等优化目标，数学模型具有一定的内在联系。Gralla 等人[25] 认为，衡量救援效率的三个指标为效率、效果和公平，并分别以系统运行成本、服务质量和需求点接受服务的公平性刻画，这三个指标同样在针对急救中心选址的模型（第一个研究内容）中被一一展现。

在考虑需求不确定性时，我们采用了两类随机变量：日常需求和可能同时发生的最大需求，这两类变量分别被用来描述日常急救情况和灾难发生时的最坏情况。同时，由于日常需求发生频次相对较高，研究人员可以利用历史数据进行有效预测，因而本书采用了数据驱动的分布式鲁棒优化方法，根据估计的样本的均值和方差限定随机变量的不确定集。而对于灾难发生时可能同时发生的最大需求来说，历史数据少、发生频次低，较难采用数据驱动方法精准预测参数范围，本书采用了传统鲁棒优化方法预估参数不确定集合，并引入联合机会约束定量刻画系统满足需求的比例。

由于联合机会约束涉及多重积分且难于求解，我们将原始模型近似为带有参数的二次锥规划（second-order cone problem, SOCP）问题，并提出迭代的 SOCP 方法，求得近似后模型的精确解。不仅如此，我们还将联合机会约束与独立机会约束的理论近似值进行了对比，给出了独立机会约束近似更加保守的理论条件，并在该特殊条件下提出了相应的外逼近算法，加速求解。最后，在数值实验阶段，本书将基于分布式鲁棒优化的救助站选址问题与基于随机优化的选址问题，在成本和稳定性等方面进行了对比。最后，我们将该模型应用于实证数据，对比相关研究，提出管理建议。

研究内容二：在 Wasserstein 模糊集内考虑中断风险的选址问题

该研究内容主要针对供给端的不确定性，并将其运用到应急救援系统的选址问题。在对设施中断进行建模时，本书将其描述为 0-1 随机变量。由于紧急事件大多发生频次低且不确定性极高，历史数据少，随机规划的研究方法不能完整刻画可能出现的所有情况。鲁棒优化考虑了系统最差的可能情况，保证系统在灾难发生时的最坏情况不至具有太差表现，既避免了过高的日常运营成本，又能保证救援的效率和效果。Wasserstein 不确定集是一类新兴的数据驱动的分布式鲁棒优化方法，自 2015 年以来广受关注，具有良好的理论性质：如有限样本保证（finite sample guarantee）、渐进一致性（asymptotic consistency）和易求解性（tractability）[26]。在选取随机变量模糊集时，我们采用 Wasserstein 函数定义实证分布和真实分布之间的距离，并将具体决策分为如下两个阶段：在第一阶段决策系统选址，在第二阶段根据随机参数的实现值决策分配。

问题的求解瓶颈为第二阶段的子问题。第二阶段问题是最大化-最小化的优化问题。首先，我们利用第二阶段问题的特殊性质给出了模型的最优条件，并证明第二阶段子问题具有超模性（supermodular）。然后，通过有效不等式将原始最大-最小化问题转化成一个完整的最大化问题，并证明了重构模型的参数矩阵为全幺模矩阵（totally unimodular matrix），将混合整数规划问题简化为线性规划。最后，将第一、第二阶段优化决策合并，重构原始模型为一个混合整数线性规划。除此之外，我们还从理论上证明了给定选址决策之后的最坏情况分布。

在求解时，我们采用了两种分支剪界算法，分别基于最坏情况分布和最坏可能场景。在利用最坏情况分布加入有效不等式时，利用现代求解器的 lazycallback 模块加入 Benders' 切和次模切，并在根节点借鉴 Fischetti 等人[27] 的 in-out 方法加速求解。在利用最坏可能场景加入有效不等式时，与传统列和约束生成原理相似，在求解器的 lazycallback 模块加入子问题最坏场景对应的 Benders' 切。

在进行数值验证时，我们对比了商业求解器和两种分支剪界算法的求解效率，利用交叉验证方法确定了 Wasserstein 球的最优半径，利用样本外分析方法对比了随机规划模型、Lu 等人的模型[28] 和 Wasserstein 鲁棒模型，同时计算了鲁棒模型的成本和收益，证明了鲁棒模型可以利用较少的投资成本获得较大的系统稳定性收益。

研究内容三：考虑需求不确定性和中断风险的救助站选址问题

该研究内容综合考虑了需求端和供给端的不确定性。需求端不确定性用随机需求量表示，供给端的不确定性包括设施剩余库存可用比例和道路是否中断两类变量。需求和设施剩余库存用连续随机变量表示、道路是否中断用 0-1 伯努利变量表示。对应于应急救援系统的三个评价指标——效率、效果和公平，此模型分别用最小化系统成本、带有服务水平的机会约束和带有覆盖比例的机会约束表示。

在对模型进行近似时，根据随机变量的分布特点（任意分布、对称分布和单峰对称分布），提出了三种近似服务水平约束的方法。同时，对考虑覆盖比例的机会约束，提出了一系列线性逼近近似方法，将原始多重积分的机会约束线性化。近似后的模型可以用混合整数 SOCP 表示。

在求解时，采用外逼近算法。首先，证明原 SOCP 问题的线性松弛问题具有凸性，然后利用一阶泰勒展开求得有效不等式，最后利用循环加切和分支剪接两种方法实现算法。

在进行数值验证时，首先验证了外逼近算法能够显著提高商业求解器的运算效率，并对比了三种近似方法下的最优解；其次，对相关参数进行了灵敏度分析；然后，将现有模型框架与随机规划方法在效率、效果和公平三个角度进行对比；最后，将实证数据应用于本模型，探索有价值的管理建议。

1.3 研究框架及本书结构

本书共分为 6 章，其中第 1 章为引言部分，第 2 章为文献综述，第 3~5 章为主要研究内容，第 6 章为总结和展望。本书的研究框架如图 1.2 所示。

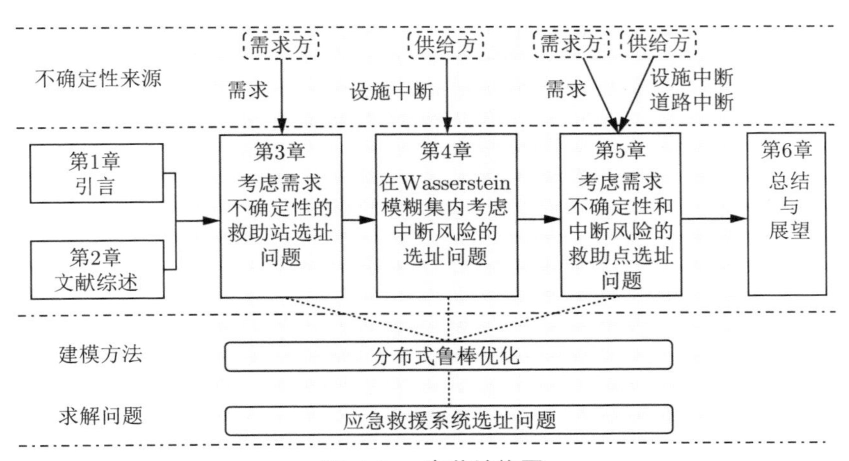

图 1.2 章节结构图

第 1 章为引言，介绍了应急救援过程在现实和理论研究中的重要意义、灾前战略性选址决策在应急救援领域的分类，以及系统的两种不确定性来源。

第 2章为文献综述，首先介绍了经典选址模型的理论基础及其在应急救援领域的应用；随后按照系统随机性的来源，对相关文献进行综述；最后，对本书采用的主要研究方法——分布式鲁棒优化的概念、模型以及应用进行了综述。

第 3章主要考虑了需求不确定性，将数据驱动的分布式鲁棒优化方法应用于救助站选址和规模设定问题，用迭代的二次锥算法求得联合机会约束精确解，既降低了传统 Bonferroni 近似的保守性，又提高了已有的基于场景方法的系统稳定性。本书还从理论上证明了联合机会约束和独立机会约束之间的优势条件 (dominant condition)，指出在特殊情况下独立机会约束可能比联合机会约束的近似结果更为保守，并据此提出外逼近算法，大大提高了问题的求解效率。

第 4章主要考虑供给不确定性对于应急救援系统选址问题的影响。该研究将随机中断变量限定在 Wasserstein 分布模糊集中，建立了两阶段优化模型，利用模型的特殊性质证明了第二阶段子问题的次模性，通过有效不等式将混合整数线性规划问题转化为线性规划。最后提出两类高效的分支剪界算法求解大规模问题。

第 5章同时考虑了供给端和需求端的不确定性，对灾前设施选址问题提供了更加符合现实的建模方法和求解思路。在建模时，同时考虑了应急救援过程的效率、效果和公平原则，本书提出的两类机会约束，分别限定了设施满足需求的概率和需求被覆盖的概率。在求解时，外逼近算法能够显著降低求解器的运算时间。基于实证数据的测试结果进一步证实了鲁棒模型在多重随机条件下的优越表现。

第 6章对全书的要点和贡献进行了总结，并对可能的研究方向进行展望。

第 2 章　文献综述

近年来，国内外学者开始关注应急救援系统中的设施选址问题，涌现出大量相关论文，为本研究的开展奠定了坚实的基础。本章将结合具体研究内容对相关领域的文献进行综述，其中，2.1节介绍了经典选址问题的建模方法及其在应急救援系统中的应用，2.2节概括了考虑需求不确定性的应急系统选址问题，2.3节对考虑中断风险的可靠选址问题进行了梳理和回顾，2.4节介绍了同时考虑需求和供给端不确定性的选址问题及其相关文献，2.5节主要围绕本研究所应用的方法——分布式鲁棒优化进行阐述。

2.1　选址问题及其在应急救援系统中的应用

选址问题主要决策系统中公共设施的地点，以及设施与顾客之间的服务关系。这些基础设施可以包括消防站、急救中心、物流配送中心、社区服务站、学校、电信服务站等，涵盖了日常生活的各个方面。20 世纪 60 年代以来，针对选址的理论优化问题在学术界引起高度关注，至今长盛不衰，具体原因可以概括为如下五点[19]。

第一，选址策略在各个社会层级的团体组织中均普遍出现，从家庭、企业、政府机构到跨国集团，与选址相关的决策屡见不鲜。第二，选址属于战略性决策，相较于其他优化问题，需要花费大量启动成本与社会资源，对组织运营具有长期意义。第三，选址通常与包括污染、拥堵、经济发展在内的经济外部性（economic externalities）因素紧密相连，且与库存、路径规划、用户匹配等其他优化问题息息相关，具体问题往往十分复杂。第四，选址问题大多难以求解，问题的求解难度使其在大规模实证问题中的算法设计更具挑战。第五，不同背景下的选址问题往往差距很大，目标函数、约束和变量的变化会造成模型和算法的显著差异，因而并不存在一个普适的方法可以应用于一切实际背景。

按照模型的目标函数和约束，经典选址问题可以分为如下几类，包括：覆盖集模型（set-covering model），最大覆盖集模型（maximum covering model）、p 中心模型（p-center model）、p 均值模型（p-median model）、固定费用模型（fixed-charge model）以及 p 枢纽选址模型（p-hub location model），各模型的具体特点及代表文献如表 2.1所示。

表 2.1　经典选址问题综述

模型名称	首次提出文献	概述
覆盖集模型（set-covering）	Toregas 等人[37]	建设最小数量的设施来覆盖所有的需求点
最大覆盖集模型（max covering）	Church 等人[38]	最大化被覆盖的需求，且最多只能建设 p 个设施
p 中心模型（p-center）	Hakimi[39-40]	最小化各个需求点到其最近设施的最大运输成本，且最多只能建立 p 个设施
p 中值模型（p-median）	Hakimi[39-40]	最小化平均运输成本（与需求成正比），且最多只能建立 p 个设施
固定费用模型（fixed-charge）	Balinski[41]	最小化固定建设成本与平均运输成本（与需求成正比）
p 枢纽选址问题（p-hub location）	Okelly[42]	假设存在 p 个枢纽，最小化枢纽之间、枢纽与目的地、枢纽与非枢纽之间的平均运输成本

应急救援领域的选址问题大都基于上述几种经典选址模型、结合具体研究背景对经典问题进行拓展。例如，Badri 等人[29] 考虑了覆盖集问题在消防站选址过程中的特殊性，把运行时间、救援效率等多个冲突的评价指标引入目标函数。Adenso-Díaz 和 Rodriguez[30] 基于传统最大覆盖集模型对乡村地区救护车分配和选址问题建模，通过引入响应时间分析，实现了成本和服务水平的双优化，并利用启发式算法求解。Jia 等人[31] 针对洛杉矶的实际情况调整了选址模型、确定了最优的救助站位置。Ndiaye 和 Alfares[32] 为游牧民族的基本医疗救护点选址问题提出了有针对性的 0-1 规划算法。Scherrer[33] 对新社区健康服务中心的选址问题进行了探

讨。Ares 等人[34] 结合非洲的具体情况，在兼顾公平和效率的基础上，提出了相应的救助站选址模型和列生成算法。孙庆珍等人[35] 将 p 中心模型应用到基于多目标决策的城市应急设施选址问题上，解决了某市新区的消防站选址问题。詹斌和吕腊梅[36] 将选址问题应用到高速公路应急资源配置这一具体背景上。上述论文均假设系统的所有参数为固定值，我们将在 2.2节和 2.3节对考虑随机性的应急救援系统选址问题进行综述。

2.2 考虑需求不确定性的应急系统选址问题

考虑需求不确定的救助站选址问题大致可以分为三类：概率模型、随机优化模型和鲁棒优化模型[16]。概率模型大多以排队论为基础。Larson 等人[43] 在 1973 年首次提出了超立方体排队模型（hypercube queuing model，HQM）；1975 年，Larson[44] 改进了之前模型难以求解的问题，利用近似算法提高可解性。自此，HQM 被广泛应用在类似研究中[45-47]。

随机优化模型大多可分为两个阶段。在问题的第一阶段，求解与随机因素无关的决策（包括选址、设施规模等）；在第二阶段，求解与随机因素相关的决策（如配送等）。Beraldi 等人[48] 在 2004 年的研究中率先将应急救援系统中的需求不确定性纳入研究范畴，建立混合整数规划模型，同时优化了急救中心的选址和规模设定。Beraldi 和 Bruni[49] 拓展了他们在 2004 年的研究，利用机会约束限制了最低的服务水平，并通过可能发生的需求场景对急救系统选址问题进行建模，松弛了排队模型中各服务台独立的假设。文献 [50] 考虑了两级供应链系统的网络规划问题，同时将选址、库存、缺货、分配纳入优化范畴，建立两阶段随机规划模型，利用拉格朗日松弛和启发式算法求解。Erbeyoğlu 和 Bilge[51] 在灾前选址决策中同时考虑了永久设备和临时设备，保证所有可能场景下的需求均可以被满足，并利用基于 logic 的 Benders 分解算法求得了模型的精确解。

在上述研究中，大部分学者假设决策者为风险中立型，仅考虑系统的平均表现。然而，在救援过程中，罕见的极端灾难会造成不可估量的损失，因而将最坏的可能情况纳入优化模型具有重要意义。近年来，部分学者开始考虑风险厌恶的决策问题，例如，Özgün 等人[52] 考虑了两级供应链网络规划问题，在模型中引入关于系统稳定性和风险容忍度的两类机会约束，并且提出了与风险价值（value-at-risk，VaR）相关的成本函数。Mostajabdaveh 等人[53] 同时将平均运输成本和基尼系数的绝对差值作为优化目标，考虑了灾时通信中断无法交流的困境。

然而，上述两阶段随机优化模型中大部分论文均利用基于场景（scenario-based）的方法建模。为了克服随机规划需要大量历史数据的弊端，Zhang 和 Jiang[54] 用鲁棒优化方法描述了救助站选址问题中的需求不确定性，提出双目标模型权衡了效率与公平之间的关系。Zhang 和 Li[55] 利用联合机会约束刻画了需求被满足的概率，同时引入次模切加速求解。Liu 等人[56] 首次利用分布式鲁棒优化方法将联合机会约束引入模型，并通过迭代的二次锥规划算法求解。姜冬青[57] 利用鲁棒优化方法考虑了库存、选址和路径的联合优化问题。

2.3 考虑中断风险的应急系统选址问题

考虑设施中断风险的选址问题可追溯到 Drezener 在 1987 年发表的论文[58]。该文章利用 p 中值和 p 中心模型刻画设施的中断风险，并采用基于近邻搜索的启发式方法对该问题进行了求解。在此基础上，Lee[59] 采用基于空间曲线的启发式算法，将考虑设施中断的 p 中值模型拆分成 p 个 1 中值模型，使计算复杂度显著降低。与考虑设施中断风险的选址问题相关的研究成果汇总在表 2.2中。

表 2.2 考虑设施中断风险的选址问题相关文献综述

文献	分类	模型		失效概率		是否相关		算法
		UFLP	RPMP	相同	不同	是	否	
随机规划								
Lee[59]	NP		√		√		√	He
Snyder 和 Daskin[60]	NP	√	√	√			√	LR
Berman 等人[61]	NP		√		√		√	He
Cui 等人[62]	NP,CA	√			√		√	CAA
Li 和 Ouyang[63]	CA	√			√	√		CAA
Shen 等人[64]	NP, SB	√		√	√		√	He
Mak 和 Shen[65]	NP,SB	√		√	√		√	He

续表

文献	分类	模型		失效概率		是否相关		算法
		UFLP	RPMP	相同	不同	是	否	
Aboolian 等人[66]	NP	√			√		√	DA,He
Alcaraz 等人[67]	NP	√		√			√	Cplex
Lim 和 Daskin[68]	RB		√		√		√	LR
Lim 等人[69]	CA,RB	√			√	√		CA
Li 等人[70]	RB	√	√		√		√	LR
Li 和 Zhang[71]	SB	√			√	√		SBA
Zarrinpoor 等人[72]	SB	√			√	√		BD
Yu 等人[73]	NP,SB	√			√	√	√	LR
Yu 和 Zhang[74]	NP,SB	√			√	√	√	DA
鲁棒优化								
An 等人[75]	RO		√		√		√	CCG
Lu 等人[28]	RO	√	√		√	√		Cplex
第二个研究内容	RO	√	√		√	√		BD,B&C

分类　NP: 非线性概率模型；CA：连续近似模型；SB：基于场景的模型

RB: 可靠备份模型；RO: 鲁棒优化模型

模型　UFLP：无能力限制的固定成本选址问题

RPMP：考虑中断风险的 p 中值模型

算法　He：启发式算法；LR：拉格朗日松弛；CAA：连续近似算法

DA：分解算法；SBA：基于场景的算法：BD：Benders 分解

CCG：列与约束生成算法；Cplex：Cplex 求解器直接求解

B&C：分支剪界

Synder 等人在 2016 年的文献综述中将考虑设施中断风险的选址问题分为四类[18]，包括非线性概率模型（nonlinear probability, NP）、可靠备份模型（reliable backup, RB）、基于场景的模型（scenario-based, SB）和连续近似模型（continuum approximation, CA）。

（1）非线性概率模型大都利用非线性项计算各个需求点被第 r 级设施服务的概率，由 Snyder 和 Daskin 在 2005 年首次提出[60]，并在后续研究中被广泛应用[4,61-62,64-67,73-74]。例如，Snyder 和 Daskin 在 2005 年的论文[60] 中假设全部设施的中断概率相同且固定，目标函数由不考虑中断发生的期望成本和考虑中断发生的非线性成本加权构成，利用拉格朗日松弛算法求得了模型的最优解。Shen 等人 [64] 松弛了各点失效概率均必须相同的假设，提出了多种启发式求解算法。Mak 和 Shen[65] 在此基础上考虑了需求不确定性，使用库存策略应对设施的中断风险，提高了系统稳定性。Alcaraz 等人[67] 将覆盖集约束引入模型，通过加入有效不等式提高计算效率。

（2）可靠备份模型将所有设施分为可能发生中断和不会发生中断两类，每个需求点均能够被分配至一个可中断和一个不可中断的设施。Lim 等人[68] 在 2010 年首次提出了设施加固概念和可靠备份模型。Lim 等人[69] 在 2013 年拓展了他们在 2010 年的研究，提出连续空间内的可靠备份的选址问题，重点研究了设施中断估计偏差对于系统成本的影响。研究结果表明，低估风险所造成的损失远大于高估风险时的保守性投入，而各中断事件的相关性对系统成本的影响则相对较小。Li 等人[69] 将可靠备份模型应用于 p 中值和固定成本模型，提出利用建设防御工事降低失效概率的方法，并用拉格朗日松弛算法求解模型。

（3）基于场景的模型通过枚举全部或部分灾害发生的可能情况建立随机规划模型，此类方法直观且能很好地刻画不同场景之间的相关性。然而随着枚举数量的增多，求解难度指数增加，且决策者较难选择最有代表性的场景。例如 Yu 等人在 2017 和 2018 年的研究中 [73-74] 探讨了设施中断风险独立和相关的两种情况，分别利用基于场景法和非线性概率法建模，引入风险评定因子，建立了风险厌恶的可靠设施选址问题。另外，在处理一些较为复杂的问题时，基于场景的建模方法更加常见。例如，Zarrinpoor 等人[72] 考虑了供给端、需求端和中间渠道的不确定性，在选址的基础上引入了排队模型，利用 Benders 分解方法求解。除此之外，利用此方法的文献还有 [64-65,71,76]。

（4）连续近似模型假设顾客的需求在一个连续平面上均匀分布，各个参数均可表示为关于地理位置的连续函数。Cui 等人[62] 利用混合整数规划模型和连续近似方法描述了固定费用选址问题。文章指出，尽管拉格朗日松弛算法能得到理论最优解，但求解速度往往较慢，在计算大规模实证案例时，连续近似算法能在较短时间内得到近优解。与 Cui 等人[62] 的研究成果不同，Li 和 Ouyang[68] 假设顾客完全了解设施失效概率信息，并可以据此自主选择服务。

上述四类模型大都基于传统随机规划，在进行优化时，假设设施中断概率为一个固定的值。然而，在实际生活中，造成设施中断的原因往往是自然灾害或人为事件，发生的概率相对较小，且无足够历史数据支撑，对于失效概率的估计并非准确。近年来，鲁棒优化的出现为此类研究开辟了新的途径，相关的研究现状综述详见 2.5节。目前仅有两篇文章是基于鲁棒优化方法研究这一问题的。An 等人[75] 在 2014 年的研究中考虑了 p 中值模型中的最差情况和平均情况，建立两阶段鲁棒优化模型，并提出列和约束生成的算法。Lu 等人在 2015 年的论文中[28] 通过假设设施中断概率的均值，求得其最坏理论分布，重点考虑了设施中断相关性对于选址策略的影响。

2.4 考虑需求和供给不确定性的应急系统选址问题

在同时考虑供给端和需求端的不确定性时，大部分研究均通过随机优化的方式枚举可能出现的所有场景。在灾前规划阶段，优化内容包括设施选址、库存和缺货等战略性决策，其中，供给方的不确定性可以分为点和边两类。

在考虑点的随机性时，大部分学者采用 2.3节提到的 0-1 随机变量刻画点的中断状态。除此之外，还可以引入 0~1 的连续随机变量描述设施可用库存的剩余比例 [13,77-78]。在考虑边的随机性时，Ball 和 Lin[79] 定义不能在规定时间内进行服务的边为中断边，建立了基于覆盖集的可靠选址模型；Elç 等人[52] 利用易接近指数（score for accessibility）刻画需求点和设施服务中心的道路情况，当且仅当易接近指数大于等于一个预先设定的阈值时，该需求才能被相应的设施服务；Paul 等人在 2019 年的两篇文章中 [80-81] 考虑了随机运输时间、随机灾民痛苦程度和设施受灾程度，分别利用鲁棒优化和两阶段随机规划方法求解。

近年来，同时考虑供给和需求端不确定性的研究日益增多。例如，Rawls 和 Turnquist 在 2010 年的研究[13] 中同时将设施在灾难过程中的可用库存、边的可用运力以及各点的需求定义为随机变量，利用基于场景的随机规划方法建模，并在墨西哥湾易受飓风影响的实证数据集上验证了模型的效果。Raws 和 Turnquis[77] 拓展了他们在 2010 年的研究，通过引入机会约束保障了需求被满足的概率。Noyan[82] 将目标函数定义为平均运营成本和风险评价因子——条件风险价值（conditional value-at-risk，CVaR）的凸组合，讨论了考虑两种不确定性来源的选址决策。Lu[83] 在利用鲁棒的 p 中心模型的同时考虑了点的随机权重和边的不确定到达时间。Hong 等人[78] 提出了风险厌恶的灾前设施选址问题，利用联合机会约束刻画了系统整体需求被满足的概率。Sanci 和 Daskin[84] 考虑了灾后网络重建过程中的随机性：包括需求不确定性、点的受损情况及边的修复时间。表 2.3汇总了考虑随机因素的应急救援系统选址问题的文献。

表 2.3　考虑多种随机性的应急救援系统选址问题相关文献综述

文献	机会约束	公平性	不确定性			求解方法
			需求	点	边	
随机规划						
Beraldi 和 Bruni[49]	√	√	√			SB,He
Beraldi 等人[48]	√	√	√			Cplex
Rawls 和 Turnquist[77]	√		√	√		SB
Hong 等人[78]	√	√	√		√	SB
Elçi 等人[52]	√		√	√		SB,BD
Özgün 等人[85]	√	√	√		√	SB
Mostajabdaveh 等人[53]	√	√	√		√	SB,GA
Döyen[50]			√	√	√	LR,He
Rawls 和 Turnquist[13]			√	√	√	SB,LR,AA
Noyan[82]			√	√	√	SB,Dep
Paul 和 Wang[80]			√	√	√	SB
Tofighi 等人[86]		√	√	√	√	SB,TDEA
Erbeyoğlu 和 Bilge[51]		√	√			SB,BD
Paul 和 Zhang[81]		√	√	√	√	SB
Sanci 和 Daskin[84]			√	√	√	SB,AA
鲁棒优化						
Zhang 和 Li[55]	√		√			MIP,SC
Liu 等人[56]	√		√			MIP,OA
Ni 等人[21]			√	√	√	MIP

续表

文献	机会约束	公平性	不确定性			求解方法
			需求	点	边	
Wang 和 Paul [87]			√	√		BD
第三个研究内容	√	√	√	√	√	OA

SB: 基于场景的随机规划方法；BD: Benders 分解；
LR: 拉格朗日松弛；He: 启发式算法；
Dep: 分解算法；AA: 近似算法
SC: 次模切；MIP: 混合整数线性规划；
TDEA: 定制的进化算法；GA: 遗传算法

2.5 分布式鲁棒优化及机会约束

本节将具体介绍本书所应用的研究方法——分布式鲁棒优化和机会约束。由于多重积分的存在，大量已有研究成果利用分布式鲁棒优化方法对机会约束进行了近似，因而两种方法之间存在密不可分的联系。

2.5.1 分布式鲁棒优化

不确定性大量存在于现实生活。然而，研究者对于随机参数的估计常常存在系统误差，这些误差的来源包括对系统缺乏足够的了解、缺乏历史数据、建模水平的限制等。在处理参数不确定优化问题时，有两种建模方式被广泛使用，即随机规划和鲁棒优化。

大部分随机规划问题均假设参数的分布形式已知或可以被精确预测，在满足此假设时，随机规划问题的相关求解算法相对成熟，详情可参考一些高质量的综述性文章或教科书[88-90]。

与之对比，鲁棒优化并不假设随机变量的具体分布形式，而是将随机参数限定在一个可能的不确定集合内，对可能出现的最坏情况进行分析和评估。在应急救援领域，灾难所造成的损失往往超出预期，考虑系统最坏情况下的表现与事实更为贴近。不仅如此，大量研究表明，鲁棒优化框架下的数学模型更加易于求解[91-94]。鲁棒优化最初于 1958 年被应用于报童模型，在该问题中，研究者推导了随机需求的最坏分布为两点分布，并在最坏情况下分析了报童模型[95]。经过近四十年的沉寂，Ben-Tal 和 Nemirovski[96-98]、El Ghaoui 等人 [99-100] 在 1997 年所开创的基础研究，重新推动了鲁棒优化的发展。

已有文献在定义随机参数的不确定集时，大体可以概括为如下几个：

• 椭球集（ellipsoidal uncertainty set）：假设随机参数的分布范围被限制在一个椭球内，通过控制椭球的中心和半径，调节近似的保守程度。研究表明，在不确定集被表示为椭球时，相应的鲁棒优化问题可进一步近似为二次锥问题，便于求解 [99-101]。

• 多面体集（polyhedral uncertainty set）：多面体集被认为是椭球集的一个特例[101]，可以用一系列线性约束表示。然而，该不确定集会随着随机参数维度的增加呈现显著指数增长的趋势，需权衡随机参数维度和模型准确性之间的关系。

• 基数集（cardinality constrained uncertainty set）：Bertsimas 和 Sim (2004)[102] 通过定义一系列多面体集来表征不确定性的预算（budget of uncertainty）。不确定参数可以在估计值的附近上下波动，且波动总量不能超过预先设定的最大成本。尽管基于基数集的最坏情况分析是非凸优化，但通过对偶理论和凸近似，可以用一系列线性约束对该集合进行重构。

• 范数集（norm uncertainty set）：基于范数集的鲁棒优化问题可被描述成包含对偶范数（dual norm）约束的凸优化问题[103]。特别地，L_1 范数和 L_∞ 范数可简化为线性问题，L_2 范数可被简化为二次锥问题。

鲁棒优化能够保证系统在最坏可能的情况下仍然具有可靠的运行状态，因而，相较于传统随机规划来说更为保守。实际上，尽管随机变量的真实分布难以被确切估计，研究人员仍然可以通过历史数据等相关信息估计随机变量的均值、方差或其他分布信息[104]。分布式鲁棒优化在传统鲁棒优化的基础上，充分考虑了变量的分布信息，从而避免过度保守。考虑随机参数分布特征的鲁棒优化模型被称为“分布式鲁棒优化”。分布式鲁棒优化大致可分为两类：基于矩信息的分布式鲁棒优化和基于距离信息的分布式鲁棒优化。

在探讨基于矩信息的分布式鲁棒优化时，大部分研究考虑了随机变量的均值和方差。Scarf 等人在 1958 年[95] 首次将一、二阶距应用于报童模型。Becker[105] 采用分解算法求解分布式鲁棒优化问题，利用投影高维变量的迭代算法进行求解。Zymler 等人[106] 将均值方差信息应用于联合机会约束，提出半定规划算法。基于均值和方差的鲁棒优化文献还有 [23-24,102,107-108]。与前述论文相比，Delage 和 Ye[22] 并未假设固定的均值方差，而是增加了矩信息估计的误差范围，并利用数据驱动的方式从理论上证明了估计误差与数据量之间的关系，此方法在近期的研究中被广泛应用，如装箱问题[109] 和批量生产问题[23]。近年来，大量文献开始考虑基于距离的不确定分布集，即假设随机变量的分布与实际分布之间的距离为一个定值，分布之间的距离可以被定义为 Prohorov 距离[110], Kullback-Leibler 距离 [111], Kantorovich 距离 [112], L_1 范数[113] 和 Wasserstein 距离[114] 等。

2.5.2 机会约束

机会约束由 Charnes 等人在 1958 年[115] 首次提出，定义如下：

$$\mathbb{P}\{\boldsymbol{A}(\tilde{\boldsymbol{z}}) \geqslant \boldsymbol{b}(\tilde{\boldsymbol{z}})\} \geqslant 1-\epsilon \tag{2-1}$$

其中，$\boldsymbol{A}(\tilde{\boldsymbol{z}}) \geqslant \boldsymbol{b}$ 代表与 n 维随机变量 $\tilde{\boldsymbol{z}}$ 相关的 m 个线性约束。机会约束 (2-1) 保证 m 个线性约束同时成立的概率不低于 $1-\epsilon$。当 $m=1$ 时，被称为“独立机会约束”，当 $m>1$ 时，被称为“联合机会约束”。

与机会约束相关的问题颇具挑战，具体原因有如下三个[116]。

（1） 机会约束是非凸问题。

（2） 多重积分使得不等式左边部分的精确概率难以计算。

（3） 随机变量的分布形式 $\mathbb{P}$ 难以估计。

为解决第一个问题，科研工作者通过寻找特殊分布将非凸优化近似为凸优化[111,115,117], 或提出相应的保守近似[118-120]。为解决第二个问题，已有研究提出了基于场景的近似策略[111,119,121]、整数规划建模 [122-123] 和鲁棒优化算法[102,124]。为解决第三个问题，现有文献利用实证数据估计随机参数的分布情况，建立了分布 $\mathbb{P}$ 的模糊集（ambiguity set），提出了相应的近似方法 [106,110-111,116,119]。上述大量研究均关注独立机会约束的近似方法，只有少量文献 [106,116,125] 考虑了联合机会约束。

2.6 本章小结

本章结合选题背景、研究内容和研究方法对应急救援系统设施选址问题的相关文献进行了综述。首先，我们回顾了经典选址问题的一般建模方法，并结合救援背景简单介绍了几类选址问题的应用场景。随后，我们按照不确定性来源对考虑随机条件的应急救援领域选址问题进行了梳理，分别从需求不确定性、供给不确定性和二者结合的不确定性三个角度汇总和对比了已有研究成果。最后，结合本书所采用的分布式鲁棒优化方法，简要介绍了该领域的概念、定义、建模方式和应用背景，并重点对研究内容一和研究内容三中提到的机会约束进行了系统阐述。

第 3 章　考虑需求不确定性的救助站选址问题

高效的应急救援系统不仅能应对日常生活中的突发紧急情况（如火灾和车祸、突发疾病等），还能在城市发生大规模紧急事件（如地震、台风、海啸、大规模传染性疾病）时，提供及时有效的救助支持，最大限度地挽回人民的生命和财产损失。救助站的选址问题与传统选址问题有如下几点差异。

第一，必须保证服务质量，也就是在建模时需考虑救援的响应时间、救援的覆盖面等指标。第二，在保证服务质量的同时，需要降低运营成本，兼顾救援的效率和公平。第三，由于紧急事件具有高度不确定性，如何将救援过程中的不确定性因素用抽象的数学模型来刻画颇具挑战。第四，新的优化策略和研究手段的出现，为解决救助站选址问题提供了新的研究思路。综上所述，考虑急救系统救助站选址问题具有重要意义。

3.1　问题描述与建模

急救网络由一系列需求点和可选设施点集组成，救援物资和设备（以救护车为例）被储藏在急救中心以满足附近需求点的可能需求。本节引入两个随机变量刻画需求的不确定性：一是各点的日常需求，用 Θ 表示；二是在大规模灾难发生时可能发生的最大需求（maximum number of concurrent demands, MNCD），用 D 表示。前者通过日常 24 小时内收到的急救电话数刻画；而后者则代表了在大规模灾难发生时，在处理单个紧急任务的平均时长内可能接到的急救电话数。本研究的主要任务是在同时考虑日常和极端情况下需求不确定性的基础上，找到最优的急救中心选址、物资储藏量和匹配方案，使需求被满足的概率大于或等于预先设定的服务水平，且最小化总运营成本。本章建立了两阶段分布式鲁棒优化模型（distributionally robust model, DRM），所用的符号体系如下。

随机变量：

I 需求点集合，用 i 代表序号；

J 可能的救助站点集合，用 j 代指序号；

I_j 能够被设施 j 覆盖的需求点集，即 $I_j = \{i \in I | c_{ij} \leqslant T\}$；

J_i 能够覆盖的需求点 i 的设施集，即 $J_i = \{j \in J | c_{ij} \leqslant T\}$；

T 能在规定响应时间内到达的最大距离；

f_j 设施 j 的日常建造成本；

a_j 设施 j 存储救援物资和设备的日常运营成本；

c_{ij} 设施 j 和需求点 i 之间的距离；

β 单位运输成本；

Θ_i 随机变量，代表需求点 i 的日常需求；

D_i 随机变量，代表需求点 i 可能同时发生的最大需求。

决策变量：

X_{ij} 连续变量，需求点 i 的需求被设施 j 满足的比例；

Y_j 0-1 变量，当在设施 j 建立救助站时为 1，否则为 0；

N_j 整数变量，在设施点 j 储藏的救援物资（如救护车）数量。

另外，本书中使用***黑斜体***的字母代表向量或者矩阵。

本研究引入联合机会约束刻画系统需求在整个地理区域内被满足的概率。联合机会约束是独立机会约束的拓展，定量刻画了系统的稳定性，与考虑独立机会约束的救助站选址论文[55] 相比，本研究的不同主要体现在四个方面：① 拓展独立机会约束为联合机会约束，提高了系统整体需求被满足的概率；② 从理论上证明了独立机会约束和联合机会约束之间的关系，具有一定的理论贡献；③ 考虑了风险厌恶的目标函数，弥补了风险中立研究方法的不足；④ 提出外逼近方法加速模型求解，而 Zhang 和 Li[55] 仅采用商业软件求解。

与 MNCD 相关的联合机会约束可以被描述为

$$\mathbb{P}\left\{\sum_{i \in I_j} D_i X_{ij} \leqslant N_j, \forall j \in J\right\} \geqslant \alpha \tag{3-1}$$

综上，风险厌恶的两阶段救助站选址和规模设定模型汇总如下：

$$\text{P}:\min\quad\left(\sum_{j\in J} f_j Y_j+\sum_{j\in J} a_j N_j+\sup_{\substack{F\in\mathcal{F}\\G\in\mathcal{G}}}\mathbb{E}_{F,G}\left[g(\boldsymbol{Y},\boldsymbol{N},\boldsymbol{\Theta},\boldsymbol{D})\right]\right)\tag{3-2}$$

$$\text{s.t.}\quad N_j\leqslant MY_j,\forall j\in J\tag{3-3}$$

$$Y_j\in\{0,1\},\forall j\in J\tag{3-4}$$

$$N_j\in\mathbb{Z}^+,\forall j\in J\tag{3-5}$$

目标函数 (3-2) 用以最小化在不确定集合内的最大成本，其中集合 $\mathcal{F}$ 和 $\mathcal{G}$ 分别代表随机变量 $\boldsymbol{\Theta}$ 和 $\boldsymbol{D}$ 的不确定分布集，分布 F 和 G 分别属于集合 $\mathcal{F}$ 和 $\mathcal{G}$。系统总成本由急救中心建造成本、设备购买和运维成本，以及运输成本组成。$g(\boldsymbol{Y},\boldsymbol{N},\boldsymbol{\theta},\boldsymbol{d})$ 是当固定 $\boldsymbol{Y},\boldsymbol{N},\boldsymbol{\Theta}=\boldsymbol{\theta},\boldsymbol{D}=\boldsymbol{d}$ 时的第二阶段成本。约束 (3-3) 限制了救护车只能被安置在已经建立的设施点。约束 (3-4) 和约束 (3-5) 是 0-1 变量约束和非负整数约束。

考虑第二阶段问题时的模型如下：

$$g(\boldsymbol{Y},\boldsymbol{N},\boldsymbol{\theta},\boldsymbol{d})=\min\ \beta\sum_{i\in I}\left(\theta_i\sum_{j\in J}c_{ij}X_{ij}\right)\tag{3-6a}$$

$$\text{s.t.}\ \sum_{j\in J_i}X_{ij}=1,\forall i\in I\tag{3-6b}$$

$$X_{ij}\leqslant Y_j,\forall i\in I,\forall j\in J\tag{3-6c}$$

$$\mathbb{P}\left\{\sum_{i\in I_j}d_iX_{ij}\leqslant N_j,\forall j\in J\right\}\geqslant\alpha\tag{3-6d}$$

$$0\leqslant X_{ij}\leqslant 1.\tag{3-6e}$$

目标函数 (3-6a) 旨在最小化运输成本。约束 (3-6b) 保证每个需求点 i 的需求被各个设施分担。约束 (3-6c) 表示需求只能被分配给已经建立的设施。约束 (3-6d) 是联合机会约束。约束 (3-6e) 限制了决策变量 X_{ij} 的范围。

3.2 模型近似

由于联合机会约束是非凸的且难于求解，我们利用数据驱动的鲁棒优化方法[22] 将关于第一个随机变量——日常需求（D）的目标函数近似成一个带有参数的二次锥规划（second-order cone program, SOCP），并把随机变量 MNCD 限定在一个给定均值和方差的椭球内[55]。在考虑矩信息的分布式鲁棒模型优化中，考虑一阶矩和二阶矩是一种常见的建模形式。一阶距和二阶矩分别可以用均值和方差表示，研究人员能够直观地从历史数据中得到相应的估计值，对真实的分布情况进行判断，大量文献采用类似方法建模[22,24,95]。在研究中引入两个随机变量主要是出于变量物理意义的考虑：日常需求较为平稳，且历史数据较大，均值和方差均较为稳定，可以充分利用已有的历史数据估计矩信息；而 MNCD 用来描述极端大规模灾害时的需求，历史数据较少、难于估计、波动巨大，因而采用较为保守的传统鲁棒优化方法建模。

3.2.1 目标函数

由目标函数 (3-6a) 不难看出，当建造变量 $\boldsymbol{Y}$ 和救护车数量 $\boldsymbol{N}$ 固定时，第二阶段问题的最优解仅仅依赖于单位运输成本 β，距离参数 c_{ij} 和日常需求 $\boldsymbol{\theta}$。由于目标函数 (3-6a) 是日常需求 $\boldsymbol{\theta}$ 的线性函数，第二阶段的平均成本 $g(\boldsymbol{Y},\boldsymbol{N},\boldsymbol{\theta},\boldsymbol{d})$ 仅仅依赖于随机变量 $\boldsymbol{\theta}$。考虑日常需求 $\boldsymbol{\Theta}$ 的一阶矩足以表征问题的不确定性。因此，可以基于上述性质得到目标函数的等价转化，即将原始最小化-最大化目标函数 (3-2) 重构为一个整体的最小化问题。在本研究中，我们将一阶矩 $\mathbb{E}_F[\boldsymbol{\Theta}]$ 限定在一个椭球内，且假设其估计的均值为 $\boldsymbol{\mu}\in\mathbb{R}^I$，估计的协方差矩阵为 $\boldsymbol{\Sigma}\geqslant 0$。在此基础上，不确定分布集可以概括为

$$\mathcal{F}=\left\{F:(\mathbb{E}_F[\boldsymbol{\Theta}]-\boldsymbol{\mu})^{\mathrm{T}}\boldsymbol{\Sigma}^{-1}(\mathbb{E}_F[\boldsymbol{\Theta}]-\boldsymbol{\mu})\leqslant\epsilon^2\right\} \tag{3-7}$$

其中，ϵ 为不确定集合的半径，控制不确定集范围，ϵ 的取值直接表示了对一阶矩近似的准确程度。

由 Delage 和 Ye 在 2010 年的研究可知[22]，参数 ϵ 的大小可以根据历史数据的个数来控制，若日常需求的历史数据有 M 个，即 $\{\theta^i\}_{i=1}^M$，且通过历史数据计算的随机变量均值和协方差矩阵分别为 $\boldsymbol{\mu}_0$ 和 $\boldsymbol{\Sigma}_0$。假设存在实数 $R\geqslant 0$ 和 $\delta>0$，使 $\mathbb{P}\{(\boldsymbol{\Theta}-\boldsymbol{\mu_0})^{\mathrm{T}}\boldsymbol{\Sigma_0}^{-1}(\boldsymbol{\Theta}-\boldsymbol{\mu_0})\leqslant R^2\}=1$，则我们能够以不低于 $1-\delta$ 的概率得到

$$(\boldsymbol{\mu_0}-\hat{\boldsymbol{\mu}})^{\mathrm{T}}\boldsymbol{\Sigma_0}^{-1}(\boldsymbol{\mu_0}-\hat{\boldsymbol{\mu}})\leqslant\eta(\delta) \tag{3-8}$$

其中，$\hat{\boldsymbol{\mu}}=(1/M)\sum\limits_{i=1}^{M}\theta^i$，$\eta(\delta)=(R^2/M)[2+\sqrt{2\ln(1/\delta)}]^2$。

命题 3.1　模型 P 可以被等价转换为如下形式，

$$\min_{r,\boldsymbol{q},\boldsymbol{X},\boldsymbol{Y},\boldsymbol{N}} \quad \beta(\epsilon r+\boldsymbol{\mu}^{\mathrm{T}}\boldsymbol{q})+\sum_{j\in J}\{f_jY_j+a_jN_j\} \tag{3-9}$$

$$\text{s.t.} \quad q_i=\sum_{j\in J_i}c_{ij}X_{ij},\forall i \tag{3-10}$$

$$\|\boldsymbol{\Sigma}^{\frac{1}{2}}\boldsymbol{q}\|\leqslant r \tag{3-11}$$

$$r\geqslant 0,\boldsymbol{q}\geqslant 0 \tag{3-12}$$

式 (3-3) ~ 式 (3-5), 式 (3-6b) ~ 式 (3-6e)

其中，r 和 $\boldsymbol{q}$ 是辅助决策变量。

证明　由式 (3-6a) 可知,

$$\mathbb{E}_F[g(\boldsymbol{Y},\boldsymbol{N},\boldsymbol{\theta})]=\beta(\boldsymbol{q}^*)^{\mathrm{T}}\mathbb{E}_F[\boldsymbol{\Theta}]=\min_{(\boldsymbol{X},q)\in\Omega(\boldsymbol{Y},\boldsymbol{N})}\boldsymbol{q}^{\mathrm{T}}\mathbb{E}_F[\boldsymbol{\Theta}],$$

其中，$\Omega(\boldsymbol{Y},\boldsymbol{N})$ 由约束 (3-6b) ~ 约束 (3-6e) 定义。因此，

$$\begin{aligned}\sup_{F\in\mathcal{F}}\mathbb{E}_F[g(\boldsymbol{Y},\boldsymbol{N},\boldsymbol{\theta})]&=\beta\sup_{F\in\mathcal{F}}\min_{(\boldsymbol{X},q)\in\Omega(\boldsymbol{Y},\boldsymbol{N})}\boldsymbol{q}^{\mathrm{T}}\mathbb{E}_F[\boldsymbol{\Theta}]\\&=\beta\max_{F\in\mathcal{F}}\min_{(\boldsymbol{X},q)\in\Omega(\boldsymbol{Y},\boldsymbol{N})}\boldsymbol{q}^{\mathrm{T}}\mathbb{E}_F[\boldsymbol{\Theta}]\end{aligned} \tag{3-13}$$

式 (3-13) 中的最大化-最小化运算等价于其对应的最小化-最大化表示方法。对于最优解 $\boldsymbol{q}^*$ 而言，有

$$\begin{aligned}&\max_{F\in\mathcal{F}}\min_{(\boldsymbol{X},q)\in\Omega(\boldsymbol{Y},\boldsymbol{N})}\boldsymbol{q}^{\mathrm{T}}\mathbb{E}_F[\boldsymbol{\Theta}]\\&=\max_{F\in\mathcal{F}}(\boldsymbol{q}^*)^{\mathrm{T}}\mathbb{E}_F[\boldsymbol{\Theta}]\geqslant\min_{(\boldsymbol{X},q)\in\Omega(\boldsymbol{Y},\boldsymbol{N})}\max_{\mathbb{E}[\boldsymbol{\Theta}]\in\Lambda}(\boldsymbol{q})^{\mathrm{T}}\mathbb{E}_F[\boldsymbol{\Theta}]\end{aligned}$$

其中，$\Lambda=\{\boldsymbol{x}\in\mathbb{R}^{\mathrm{T}}:(\boldsymbol{x}-\boldsymbol{\mu})^{\mathrm{T}}\boldsymbol{\Sigma}^{-1}(\boldsymbol{x}-\boldsymbol{\mu})\leqslant\epsilon^2\}\subseteq\mathbb{R}_+^{\mathrm{T}}$。

在第二阶段，存在一个 $g(\boldsymbol{Y},\boldsymbol{N},\boldsymbol{\theta})$ 的最优解 $(\boldsymbol{X}^*,\boldsymbol{q}^*)$ 使

$$\max_{\mathbb{E}[\boldsymbol{\Theta}]\in\Lambda}\min_{\boldsymbol{X}\in\Omega(\boldsymbol{Y},\boldsymbol{N})}\boldsymbol{q}^{\mathrm{T}}\mathbb{E}_F[\boldsymbol{\Theta}]=\max_{\mathbb{E}[\boldsymbol{\Theta}]\in\Lambda}(\boldsymbol{q}^*)^{\mathrm{T}}\mathbb{E}[\boldsymbol{\Theta}]\geqslant\min_{\boldsymbol{X}\in\Omega(\boldsymbol{Y},\boldsymbol{N})}\max_{\mathbb{E}[\boldsymbol{\Theta}]\in\Lambda}\boldsymbol{q}^{\mathrm{T}}\mathbb{E}_F[\boldsymbol{\Theta}]$$

第一个等式成立的原因是 $\boldsymbol{q}^*$ 为第二阶段问题的最优解。另外，由于 $\boldsymbol{X}^*\in\Omega(\boldsymbol{Y},\boldsymbol{N})$，第二个不等式显然成立；并且，根据 minimax 不等式[126]，该

不等式的反方向也成立。由 $\boldsymbol{\Theta}$ 的均值和协方差信息可知，$\max\limits_{\boldsymbol{x}\in\Lambda}\boldsymbol{q}^{\mathrm{T}}\boldsymbol{x}=\epsilon\sqrt{\boldsymbol{q}^{\mathrm{T}}\boldsymbol{\Sigma}\boldsymbol{q}}+\boldsymbol{\mu}^{\mathrm{T}}\boldsymbol{q}$，模型 P 被重构成

$$
\begin{aligned}
\min_{r,\boldsymbol{q},\boldsymbol{X},\boldsymbol{Y},\boldsymbol{N}} \quad & \epsilon\sqrt{\boldsymbol{q}^{\mathrm{T}}\boldsymbol{\Sigma}\boldsymbol{q}}+\boldsymbol{\mu}^{\mathrm{T}}\boldsymbol{q}+\sum_{j\in J}\{f_jY_j+a_jN_j\},\\
\text{s.t.} \quad & q_i=\sum_{j\in J}c_{ij}X_{ij},\forall i,\\
& q\geqslant 0,\text{式 (3-3)}\sim\text{式 (3-5)},\text{式 (3-6b)}\sim\text{式 (3-6e)}.
\end{aligned}
$$

在引入辅助变量 r 后，命题 3.1 得证。 □

3.2.2 机会约束

假设随机变量 $\boldsymbol{D}$ 的分布 G 被限制在如下模糊集中，

$$
\mathcal{G}=\left\{G:\begin{array}{l}(\boldsymbol{D}-\boldsymbol{u})^{\mathrm{T}}\boldsymbol{\Gamma}^{-1}(\boldsymbol{D}-\boldsymbol{u})\leqslant Q^2\\ \mathbb{E}_G(\boldsymbol{D})=\boldsymbol{u}\\ \mathbb{E}_G(\boldsymbol{D}^2)=\boldsymbol{u}^{\mathrm{T}}\boldsymbol{u}+\boldsymbol{\Gamma}\end{array}\right\} \tag{3-14}
$$

其中，参数 $Q>0$ 控制模糊集 $\mathcal{G}$ 的大小。由于盒子不确定集具有较强的保守性，本书仅考虑了椭球不确定集[127]。

鉴于联合机会约束的近似方法十分复杂，在处理时，我们首先通过命题 3.2介绍独立机会约束的近似方法，然后在此基础上对联合机会约束进行近似。

定义 $v(N_j,\boldsymbol{X}_j)=\sum\limits_{i\in I_j}d_iX_{ij}-N_j=\boldsymbol{X}_j^{\mathrm{T}}\boldsymbol{d}-N_j$，由于独立机会约束的二次锥近似函数 $\mathbb{E}(v(N_j,\boldsymbol{X}_j)^+)$ 的上界，本书在引理 3.1中给出了该上界的表达方式并在引理 3.2中证明了其具有可加性。

引理 3.1 假设 $\boldsymbol{u}$ 和 $\boldsymbol{\Gamma}$ 是随机变量 $\boldsymbol{d}$ 的均值和协方差矩阵，$\pi(N_j,\boldsymbol{X}_j)$ 是函数 $\mathbb{E}(v(N_j,\boldsymbol{X}_j)^+)$ 的一个上界，则

$$
\pi(N_j,\boldsymbol{X}_j)=\frac{1}{2}(\boldsymbol{X}_j^{\mathrm{T}}\boldsymbol{u}-N_j)+\frac{1}{2}\sqrt{(\boldsymbol{X}_j^{\mathrm{T}}\boldsymbol{u}-N_j)^2+\boldsymbol{X}_j^{\mathrm{T}}\boldsymbol{\Gamma}\boldsymbol{X}_j} \tag{3-15}
$$

证明 由 $w^+=(w+|w|)/2$, 可得 $\mathbb{E}\left[v(N_j,\boldsymbol{X}_j)^+\right]=\dfrac{1}{2}\mathbb{E}(v(N_j,\boldsymbol{X}_j)+|v(N_j,\boldsymbol{X}_j)|)$。对凸函数 $\psi(\cdot)$ 而言，Jensen's 不等式 $\psi[\mathbb{E}(X)]\leqslant\mathbb{E}[\psi(X)]$

恒成立；因此，

$$
\begin{aligned}
\left[\mathbb{E}\left|v(N_j,\boldsymbol{X}_j)\right|\right]^2 \leqslant & \mathbb{E}\left[\left|v(N_j,\boldsymbol{X}_j)\right|^2\right] = \mathbb{E}\left[\left|\boldsymbol{X}_j^{\mathrm{T}}\boldsymbol{d} - N_j\right|^2\right] \\
= & \mathbb{E}\left[\left(\boldsymbol{X}_j^{\mathrm{T}}\boldsymbol{d}\right)^2 + N_j^2 - 2N_j\boldsymbol{X}_j^{\mathrm{T}}\boldsymbol{d}\right] \\
= & N_j^2 + \mathbb{E}\left[\left(\boldsymbol{X}_j^{\mathrm{T}}\boldsymbol{d}\right)^2\right] - 2N_j\boldsymbol{X}_j^{\mathrm{T}}\mathbb{E}(\boldsymbol{d}) \\
= & \left[\boldsymbol{X}_j^{\mathrm{T}}\mathbb{E}(\boldsymbol{d})\right]^2 + \boldsymbol{X}_j^{\mathrm{T}}\boldsymbol{\Gamma}\boldsymbol{X}_j + N_j^2 - 2N_j\boldsymbol{X}_j^{\mathrm{T}}\mathbb{E}(\boldsymbol{d}) \\
= & \left(\boldsymbol{X}_j^{\mathrm{T}}\boldsymbol{u}\right)^2 + \boldsymbol{X}_j^{\mathrm{T}}\boldsymbol{\Gamma}\boldsymbol{X}_j + N_j^2 - 2N_j\boldsymbol{X}_j^{\mathrm{T}}\boldsymbol{u} \\
= & (\boldsymbol{X}_j^{\mathrm{T}}\boldsymbol{u} - N_j)^2 + \boldsymbol{X}_j^{\mathrm{T}}\boldsymbol{\Gamma}\boldsymbol{X}_j
\end{aligned}
$$

其中，第一个不等式成立的原因是函数 $\psi(x) = x^2$ 为凸函数。由此可知，$\mathbb{E}\left[v(N_j,\boldsymbol{X}_j)^+\right] \leqslant \dfrac{1}{2}(\boldsymbol{X}_j^{\mathrm{T}}\boldsymbol{u} - N_j) + \dfrac{1}{2}\sqrt{(\boldsymbol{X}_j^{\mathrm{T}}\boldsymbol{u} - N_j)^2 + \boldsymbol{X}_j^{\mathrm{T}}\boldsymbol{\Gamma}\boldsymbol{X}_j} = \pi(N_j,\boldsymbol{X}_j)$，引理得证。 □

引理 3.2　函数 $\pi(N,\boldsymbol{X})$ 是可加函数（subadditive function），即 $\pi(N_1,\boldsymbol{X}_1) + \pi(N_2,\boldsymbol{X}_2) \geqslant \pi(N_1+N_2,\boldsymbol{X}_1+\boldsymbol{X}_2)$。

证明　假设$S = \boldsymbol{X}^{\mathrm{T}}\boldsymbol{u} - N$，$\boldsymbol{U} = (S,\boldsymbol{X})$，$\boldsymbol{\Gamma}_1 = \left(\begin{array}{c|ccc} 1 & 0 & \cdots & 0 \\ \vdots & & \boldsymbol{\Gamma} & \\ 0 & & & \end{array}\right)$，

其中，$\boldsymbol{\Gamma}_1$ 是半正定矩阵。式（3-15）中的非线性项可用二范数（euclidean norm）表示，即 $\sqrt{(\boldsymbol{X}^{\mathrm{T}}\boldsymbol{u}-N)^2+\boldsymbol{X}^{\mathrm{T}}\boldsymbol{\Gamma}\boldsymbol{X}} = \sqrt{S^2+\boldsymbol{X}^{\mathrm{T}}\boldsymbol{\Gamma}\boldsymbol{X}} = \sqrt{\boldsymbol{U}^{\mathrm{T}}\boldsymbol{\Gamma}_1\boldsymbol{U}} = \left\|\boldsymbol{\Gamma}_1^{\frac{1}{2}}\boldsymbol{U}\right\|$。由范数的可加性 $\|\cdot\|$ 可知，$\|A\| + \|B\| \geqslant \|A+B\|$，因而，$\left\|\boldsymbol{\Gamma}_1^{\frac{1}{2}}\boldsymbol{U}_1\right\| + \left\|\boldsymbol{\Gamma}_1^{\frac{1}{2}}\boldsymbol{U}_2\right\| \geqslant \left\|\boldsymbol{\Gamma}_1^{\frac{1}{2}}(\boldsymbol{U}_1+\boldsymbol{U}_2)\right\|$。引理得证。 □

在得到 $\mathbb{E}(N_j,\boldsymbol{X}_j)$ 的上界之后，独立机会约束的二次锥近似可以由命题 3.2获得。

命题 3.2　独立机会约束

$$
\mathbb{P}\left\{\sum_{i\in I_j} d_i X_{ij} - N_j \leqslant 0\right\} \geqslant 1-\varepsilon, \forall j \in J \tag{3-16}
$$

的二次锥近似为

$$\boldsymbol{X}_j^{\mathrm{T}}\boldsymbol{u}-N_j+\sqrt{\frac{1-\varepsilon}{\varepsilon}}\sqrt{\boldsymbol{X}_j^{\mathrm{T}}\boldsymbol{\varGamma}\boldsymbol{X}_j}\leqslant 0,\forall j\in J \tag{3-17}$$

其中，$\varepsilon=1-\alpha$。

证明　由于 CVaR（conditional-value-at-risk）函数的易解性，以往文献大都利用 CVaR 对独立机会约束进行凸近似[128]。CVaR 的经典定义 $\varrho_{1-\varpi}(\cdot)$ 如下：

$$\varrho_{1-\varpi}(\tilde{v})\triangleq\min_{\iota}\left\{\iota+\frac{1}{\varpi}\mathbb{E}[(\tilde{v}-\iota)^{+}]\right\} \tag{3-18}$$

其中，$\tilde{v}$ 是随机变量，$\varpi\in\{0,1\}$ 是一个接近于 0 的安全因子。CVaR 代表概率分布中不小于 $1-\varpi$ 置信水平的自变量的均值。以往研究证明，CVaR 约束是独立机会约束 $\mathbb{P}\{y(\tilde{\boldsymbol{z}})\leqslant 0\}\geqslant 1-\varpi$ 的最紧近似，其中 $y(\tilde{\boldsymbol{z}})$ 与随机向量 $\tilde{\boldsymbol{z}}$ 仿射相关 [118-119]。由此可知，若约束

$$\min_{\iota}\left\{\iota+\frac{1}{\varepsilon}\mathbb{E}\left[\left(\sum_{i\in I_j}d_iX_{ij}-N_j-\iota\right)^{+}\right]\right\}\leqslant 0$$

成立，则独立机会约束 (3-16) 一定成立。

由于均值函数 $\mathbb{E}\left[\left(\sum\limits_{i\in I_j}d_iX_{ij}-N_j-\iota\right)^{+}\right]$ 仍然难以求解，我们采用引理 3.1获得的上界 $\mathbb{E}[(\cdot)^{+}]$ 近似该均值，即

$$\begin{aligned}
&\varrho_{1-\varepsilon}[v(N_j,\boldsymbol{X}_j)]\\
\leqslant&\min_{\iota}\left(\iota+\frac{\pi(N_j+\iota,\boldsymbol{X}_j)}{\varepsilon}\right)\\
=&\min_{\iota}\left(\iota+\frac{\boldsymbol{X}_j^{\mathrm{T}}\boldsymbol{u}-N_j-\iota}{2\varepsilon}+\frac{\sqrt{(\boldsymbol{X}_j^{\mathrm{T}}\boldsymbol{u}-N_j-\iota)^2+\boldsymbol{X}_j^{\mathrm{T}}\boldsymbol{\varGamma}\boldsymbol{X}_j}}{2\varepsilon}\right)\\
=&\boldsymbol{X}_j^{\mathrm{T}}\boldsymbol{u}-N_j+\sqrt{\frac{1-\varepsilon}{\varepsilon}}\sqrt{\boldsymbol{X}_j^{\mathrm{T}}\boldsymbol{\varGamma}\boldsymbol{X}_j}
\end{aligned} \tag{3-19}$$

其中，最后一个约束成立的条件是 $\iota^{*}=\dfrac{(1-2\varepsilon)\sqrt{\boldsymbol{X}_j^{\mathrm{T}}\boldsymbol{\Gamma}\boldsymbol{X}_j}}{2\sqrt{\varepsilon(1-\varepsilon)}}+\boldsymbol{X}_j^{\mathrm{T}}\boldsymbol{u}-N_j$。因此，不等式 (3-17) 是独立机会约束 (3-16) 的一个有效近似，命题得证。　□

命题 3.2得到的独立机会约束近似可以被拓展到联合机会约束。根据集合性质，联合机会约束 (3-6d) 等价于$\mathbb{P}\Big(\bigcup\limits_{j\in J}\Big\{\sum\limits_{i\in I_j} d_iX_{ij} > N_j\Big\}\Big) \leqslant \varepsilon$。Bonferroni 不等式可以将联合机会约束简化为独立机会约束，具体操作如下：首先将联合机会约束放缩为一系列独立机会约束的和，

$$\mathbb{P}\left(\bigcup_{j\in J}\left\{\sum_{i\in I_j} d_iX_{ij} - N_j > 0\right\}\right) \leqslant \sum_{j\in J}\left[\mathbb{P}\left(\sum_{i\in I_j} d_iX_{ij} - N_j > 0\right)\right] \leqslant \varepsilon \tag{3-20}$$

然后对求和公式中的每个元素利用独立机会约束进行近似，即，对于任意 $j \in J$,

$$\mathbb{P}\left(\sum_{i\in I_j} d_iX_{ij} - N_j > 0\right) \leqslant \varepsilon_j, \forall j \Rightarrow \mathbb{P}\left(\sum_{i\in I_j} d_iX_{ij} - N_j \leqslant 0\right) \geqslant 1 - \varepsilon_j, \forall j \tag{3-21}$$

其中，$\sum\limits_{j\in J}\varepsilon_j = \varepsilon$。由于式 (3-16) 与式 (3-21) 相比唯一的不同点是右端项 ε 和 ε_j 的值，联合机会约束 (3-6d) 可被近似为式 (3-17)。

然而，在实际运算中如何找到最优的 ε_j 是极为困难的。尽管近似程度较为保守，根据 Nemirovski 和 Shapiro[119]，以及 Chen 等人[129] 的论文，大部分研究均直接令 $\varepsilon_j = \varepsilon/|J|$。

定义集合 $\mathcal{W}$ 为 MNCD 的不确定集合，根据 Chen 等人[118] 在 2010 年提出的方法，我们在此基础上提出了含参二次锥规划（parametric SOCP）近似方法，并在命题 3.3中证明。在含参 SOCP 近似方法中，引入两个参数：集合 $\mathcal{J}$（全集 $\mathcal{W}$ 的一个子集）和常数 $\lambda_j > 0, \forall j \in \mathcal{J}$。由于 λ_j 的值不受联合机会约束 (3-1) 可行域的影响，能够提高近似的准确性。集合 $\mathcal{J}$ 选出了能够根据不确定集合的大小自动满足需求约束的设施点，减少了运算负担。在利用 Bonferroni 不等式进行近似时，近似后的独立机会约束共有 $|J|$ 个，分别对应第 j 个可用设施，即 $\mathbb{P}\left\{\boldsymbol{X}_j^{\mathrm{T}}\boldsymbol{d} - N_j\right\} \geqslant 0, \forall j \in J$。而含参 SOCP 近似方法仅考虑了左侧概率最大情况下的唯一一个二次锥近似，即将在命题 3.3中提到的 $\mathbb{P}\{\max\limits_{j\in\mathcal{J}}\left(\lambda_j\left[\boldsymbol{X}_j^{\mathrm{T}}\boldsymbol{d} - N_j\right]\right) \geqslant 0\}$。

命题 3.3　定义

$$\Upsilon(\boldsymbol{N},\boldsymbol{X},\boldsymbol{\lambda},\mathcal{J})\stackrel{\text{def}}{=}\min_{w_0,\boldsymbol{w}}\left\{\min_{\iota}\left[\iota+\frac{\pi(w_0+\iota,\boldsymbol{w})}{\varepsilon}\right]+\right.$$
$$\left.\frac{1}{\varepsilon}\left[\sum_{j\in\mathcal{J}}\pi\left(\lambda_j N_j-w_0,\lambda_j\boldsymbol{X}_j-\boldsymbol{w}\right)\right]\right\}$$

则

$$\Upsilon(\boldsymbol{N},\boldsymbol{X},\boldsymbol{\lambda},\mathcal{J})\leqslant 0 \tag{3-22}$$

和

$$\max_{j\in\mathcal{W}\setminus\mathcal{J}}\left[\boldsymbol{X}_j^{\mathrm{T}}\boldsymbol{d}-N_j\right]\leqslant 0 \tag{3-23}$$

成立是联合机会约束 (3-6d) 成立的充分条件。

证明 与 Chen 等人[118] 在 2010 年提出的方法相似。当 $j\notin\mathcal{J}$ 时，由式 (3-23) 可得

$$\mathbb{P}\left(\mathbf{X}_j^{\mathrm{T}}\boldsymbol{d}-N_j>0\right)=0,\forall j\in\mathcal{W}\setminus\mathcal{J}$$

而在其他情况下，对于任意的 $\boldsymbol{\lambda}>0$，$\mathbb{P}\left(\boldsymbol{X}_j^{\mathrm{T}}\boldsymbol{d}-N_j\leqslant 0,\forall j\in\mathcal{W}\right)$ 等价于仅考虑左侧函数中的最大值，即 $\mathbb{P}\{\max\limits_{j\in\mathcal{J}}\left(\lambda_j\left[\boldsymbol{X}_j^{\mathrm{T}}\boldsymbol{d}-N_j\right]\right)\leqslant 0\}$。由命题 3.2可得, CVaR 约束 (3-6d) 是对独立机会约束最紧的近似方法，因而对于可行解 ($\boldsymbol{N}$, $\boldsymbol{X}$) 而言，我们仅需考虑 $\max\limits_{j\in\mathcal{J}}\left[\boldsymbol{X}_j^{\mathrm{T}}\boldsymbol{d}-N_j\right]$ 对应的 CVaR 约束，即 $\varrho_{1-\varepsilon}[\max\limits_{j\in\mathcal{J}}[\lambda_j\left(\boldsymbol{X}_j^{\mathrm{T}}\boldsymbol{d}-N_j\right)]]\leqslant 0$。由期望的最大化公式[130] 可知,

$$\mathbb{E}\left(\max_{i=1,2,\cdots,n}A_i-\iota\right)^{+}$$
$$\leqslant\mathbb{E}(B-\iota)^{+}+\sum_{i=1}^{n}\mathbb{E}(A_i-B)^{+},\text{对于任意参数 }B\text{ 都成立} \tag{3-24}$$

令 $B=\boldsymbol{w}^{\mathrm{T}}\boldsymbol{d}-w_0$，可得

$$\varrho_{1-\varepsilon}\left[\max_{j\in\mathcal{J}}\left[\lambda_j\left(\boldsymbol{X}_j^{\mathrm{T}}\boldsymbol{d}-N_j\right)\right]\right]$$
$$=\min_{\iota}\left\{\iota+\frac{1}{\varepsilon}\mathbb{E}\left[\left(\max_{j\in\mathcal{J}}\left[\lambda_j\left(\boldsymbol{X}_j^{\mathrm{T}}\boldsymbol{d}-N_j\right)\right]-\iota\right)^{+}\right]\right\}$$
$$\leqslant\min_{\iota,\boldsymbol{w},w_0}\left\{\iota+\frac{1}{\varepsilon}\left[\mathbb{E}[(\boldsymbol{w}^{\mathrm{T}}\boldsymbol{d}-w_0-\iota)^{+}]+\right.\right.$$

$$
\begin{aligned}
&\left.\sum_{j\in\mathcal{J}}\mathbb{E}\left[\left(\left([\lambda_j\boldsymbol{X}_j-\boldsymbol{w}]^{\mathrm{T}}\boldsymbol{d}-\lambda_jN_j+w_0\right)^+\right]\right]\right\}\\
&\leqslant\min_{\iota,\boldsymbol{w},w_0}\left\{\iota+\frac{1}{\varepsilon}\left[\pi(w_0+\iota,\boldsymbol{w})+\sum_{j\in\mathcal{J}}\pi(\lambda_jN_j-w_0,\lambda_j\boldsymbol{X}_j-\boldsymbol{w})\right]\right\}\\
&=\min_{w_0,\boldsymbol{w}}\left\{\min_{\iota}\left[\iota+\frac{\pi(w_0+\iota,\boldsymbol{w})}{\varepsilon}\right]+\frac{1}{\varepsilon}\left[\sum_{j\in\mathcal{J}}\pi\left(\lambda_jN_j-w_0,\lambda_j\boldsymbol{X}_j-\boldsymbol{w}\right)\right]\right\}\\
&=\Upsilon(\boldsymbol{N},\boldsymbol{X},\boldsymbol{\lambda},\mathcal{J})
\end{aligned}
$$

其中，第一个不等式根据式 (3-24) 可知，第二个不等式由引理 3.1可知。综上所述，若 $\Upsilon(\boldsymbol{N},\boldsymbol{X},\boldsymbol{\lambda},\mathcal{J})\leqslant 0$ 成立，则 $\varrho_{1-\varepsilon}\left[\max_{j\in\mathcal{J}}\left[\lambda_j\left(\boldsymbol{X}_j^{\mathrm{T}}\boldsymbol{d}-N_j\right)\right]\right]\leqslant 0$ 一定成立。命题得证。 □

定义 $\varrho_{1-\varepsilon}[v(N_j,\boldsymbol{X}_j)]$ 的上界为 $\phi_{1-\varepsilon}(N_j,\boldsymbol{X}_j)$，根据式 (3-19)，$\phi_{1-\varepsilon}(N_j,\boldsymbol{X}_j)=\boldsymbol{X}_j^{\mathrm{T}}\boldsymbol{u}-N_j+\sqrt{\dfrac{1-\varepsilon}{\varepsilon}}\sqrt{\boldsymbol{X}_j^{\mathrm{T}}\boldsymbol{\Gamma}\boldsymbol{X}_j}$。命题 3.3中的不等式 (3-22) 和不等式 (3-23) 构成了联合机会约束 (3-6d) 的二次锥近似。通过引入两个辅助决策变量 s_0 和 s_j，不等式 (3-22) 等价于如下三个约束：

$$s_0+\frac{1}{\varepsilon}\sum_{j\in\mathcal{J}}s_j\leqslant 0 \tag{3-25}$$

$$\phi_{1-\varepsilon}(w_0,\boldsymbol{w})\leqslant s_0 \tag{3-26}$$

$$\pi\left(\lambda_jN_j-w_0,\lambda_j\boldsymbol{X}_j-\boldsymbol{w}\right)\leqslant s_j,\forall j\in\mathcal{J} \tag{3-27}$$

另外，由 $\boldsymbol{D}$ 所在的不确定分布集的定义 (3-14) 和 Chen 等人在 2009 年发表的文章[131] 中的定理 3 可知，

$$\max\left[\boldsymbol{X}_j^{\mathrm{T}}\boldsymbol{d}-N_j\right]=\boldsymbol{X}_j^{\mathrm{T}}\boldsymbol{u}-N_j+Q\sqrt{\boldsymbol{X}_j^{\mathrm{T}}\boldsymbol{\Gamma}\boldsymbol{X}_j} \tag{3-28}$$

因而，不等式 (3-23) 可以被表示为 $\boldsymbol{X}_j^{\mathrm{T}}\boldsymbol{u}-N_j+Q\sqrt{\boldsymbol{X}_j^{\mathrm{T}}\boldsymbol{\Gamma}\boldsymbol{X}_j}\leqslant 0$。

综上所述，模型 P 可以被近似成带有两个参数 λ_j 和 $\mathcal{J}$ 二次锥规划问题，在后文中被简称为“RP-SOCP”。

$$\text{RP-SOCP}:\min\quad\beta(\epsilon r+\boldsymbol{\mu}^{\mathrm{T}}\boldsymbol{q})+\sum_{j\in J}\{f_jY_j+a_jN_j\} \tag{3-29}$$

$$\text{s.t.}\quad \boldsymbol{X}_j^{\mathrm{T}}\boldsymbol{u} - N_j + Q\sqrt{\boldsymbol{X}_j^{\mathrm{T}}\boldsymbol{\Gamma}\boldsymbol{X}_j} \leqslant 0, \forall j \in \mathcal{W} \setminus \mathcal{J} \tag{3-30}$$

式 (3-4), 式 (3-5), 式 (3-6b), 式 (3-6c), 式 (3-6e),

式 (3-10), 式 (3-11), 式 (3-12), 式 (3-25),

式 (3-26), 式 (3-27).

3.3 模型 RP-SOCP 的理论性质

定理 3.1 详细对比了含参 SOCP 近似方法与独立机会约束近似方法在系统稳定性方面的表现。

定理 3.1 对于所有的 $j \in \mathcal{J}$，不等式 (3-25)~ 不等式 (3-27) 比不等式 (3-17) 更紧。

证明 由于约束 (3-25)~ 约束 (3-27) 等价于 $\Upsilon(\boldsymbol{N}, \boldsymbol{X}, \boldsymbol{\lambda}, \mathcal{J}) \leqslant 0$，则

$$\begin{aligned}
0 &\geqslant \min_{\iota,\boldsymbol{w},w_0}\left\{\iota + \frac{1}{\varepsilon}\left[\pi(w_0+\iota,\boldsymbol{w}) + \sum_{j\in\mathcal{W}}\pi(\lambda_j N_j - w_0, \lambda_j\boldsymbol{X}_j - \boldsymbol{w})\right]\right\}\\
&\geqslant \min_{\iota,\boldsymbol{w},w_0}\left\{\iota + \frac{1}{\varepsilon}\left[\pi(w_0+\iota,\boldsymbol{w}) + \pi(\lambda_j N_j - w_0, \lambda_j\boldsymbol{X}_j - \boldsymbol{w})\right]\right\}\\
&\geqslant \min_{\iota}\left\{\iota + \frac{1}{\varepsilon}\left[\pi(\lambda_j N_j + \iota, \lambda_j\boldsymbol{X}_j)\right]\right\}\\
&\overset{\lambda_j=1}{=} \min_{\iota}\left\{\iota + \frac{1}{\varepsilon}\left[\pi(N_j + \iota, \boldsymbol{X}_j)\right]\right\}\\
&= \boldsymbol{X}_j^{\mathrm{T}}\boldsymbol{u} - N_j + \sqrt{\frac{1-\varepsilon}{\varepsilon}}\sqrt{\boldsymbol{X}_j^{\mathrm{T}}\boldsymbol{\Gamma}\boldsymbol{X}_j}
\end{aligned}$$

其中，由 3.3节中对于 $\Upsilon(\boldsymbol{N}, \boldsymbol{X}, \boldsymbol{\lambda}, \mathcal{J})$ 的定义可知，第一个不等式成立；由于第二个不等式的右端值中去掉了最后一项的求和符号，该不等式显然成立；由引理 3.2可知，函数 $\pi(\cdot,\cdot)$ 具有可加性，第三个不等式成立；当 $\lambda_j = 1$ 时，第一个等式成立；由式 (3-19)，最后一个不等式成立。 □

此外，当 MNCD 的不确定集合被限定在椭球集内时，在 RP-SOCP 中，与椭球集半径 Q 相关的命题 3.4、引理 3.4和定理 3.2成立。

命题 3.4　当 $Q \leqslant \sqrt{\dfrac{1-\varepsilon}{\varepsilon}}$ 时，RP-SOCP 在 $\mathcal{J}=\varnothing$ 时得到最优解。

证明　利用反证法证明此命题。不失一般性，假设在最优解中存在一个序号 $j^\circ \in \mathcal{J}$ 使 $\mathcal{J} \neq \varnothing$。对于所有 $j \in \mathcal{J}$ 而言，需保证 $\Upsilon(\boldsymbol{N}, \boldsymbol{X}, \boldsymbol{\lambda}, \mathcal{J}) \leqslant 0$，同时

$$\begin{aligned} 0 \geqslant \Upsilon(\boldsymbol{N}, \boldsymbol{X}, \boldsymbol{\lambda}, j^\circ) &\geqslant \boldsymbol{X}_{j^\circ}^{\mathrm{T}} \boldsymbol{u} - N_{j^\circ} + \sqrt{\frac{1-\varepsilon}{\varepsilon}} \sqrt{\boldsymbol{X}_{j^\circ}^{\mathrm{T}} \boldsymbol{\Gamma} \boldsymbol{X}_{j^\circ}} \\ &\geqslant \boldsymbol{X}_{j^\circ}^{\mathrm{T}} \boldsymbol{u} - N_{j^\circ} + Q \sqrt{\boldsymbol{X}_{j^\circ}^{\mathrm{T}} \boldsymbol{\Gamma} \boldsymbol{X}_{j^\circ}} \end{aligned}$$

由定理 3.1可知，第一个不等式成立；由于 $Q \leqslant \sqrt{\dfrac{1-\varepsilon}{\varepsilon}}$，第二个不等式成立。因此，不等式 $\Upsilon(\boldsymbol{N}, \boldsymbol{X}, \boldsymbol{\lambda}, j^\circ) \leqslant 0$ 比约束 $\boldsymbol{X}_{j^\circ}^{\mathrm{T}} \boldsymbol{u} - N_{j^\circ} + Q\sqrt{\boldsymbol{X}_{j^\circ}^{\mathrm{T}} \boldsymbol{\Gamma} \boldsymbol{X}_{j^\circ}} \leqslant 0$ 更为保守，也就是说，如果 $j^\circ \in \mathcal{W} \setminus \mathcal{J}$，即 $j^\circ \notin \mathcal{J}$，我们能找到一个更好的解。此结论与该解为最优解的推论矛盾，命题得证。 □

命题 3.4表示，当 $Q \leqslant \sqrt{\dfrac{1-\varepsilon}{\varepsilon}}$ 时，RP-SOCP 等价于一个与参数 λ_j 和 $\mathcal{J}$ 不相关的标准 SOCP [132]。另外，在此条件下，这个标准的 SOCP 能够有效地被外逼近算法求解，详见 3.4节。

定义 Z^D，Z^B 和 Z^I 分别为模型 RP-SOCP、基于 Bonferroni 近似的联合机会约束模型，以及基于 CVaRD 的独立机会约束近似模型的最优（最小）成本，则如下定理成立。

定理 3.2　Z^B，Z^I 和 Z^D 的大小关系为

（1） 如果 $Q < \sqrt{\dfrac{1-\varepsilon}{\varepsilon}}$，则 $Z^D < Z^I$；

（2） 如果 $Q = \sqrt{\dfrac{1-\varepsilon}{\varepsilon}}$，则 $Z^D = Z^I$；

（3） 如果 $Q > \sqrt{\dfrac{1-\varepsilon}{\varepsilon}}$，则 $Z^I < Z^D < Z^B$。

证明　定理按照如下三种情况展开证明，

（1）如果 $Q < \sqrt{\dfrac{1-\varepsilon}{\varepsilon}}$，由命题 3.4可知 $\mathcal{J}=\varnothing$，则 $\boldsymbol{X}_j^{\mathrm{T}} \boldsymbol{u} - N_j +$

$Q\sqrt{\boldsymbol{X}_j^{\mathrm{T}}\boldsymbol{\Gamma}\boldsymbol{X}_j} < \boldsymbol{X}_j^{\mathrm{T}}\boldsymbol{u} - N_j + \sqrt{\dfrac{1-\varepsilon}{\varepsilon}}\sqrt{\boldsymbol{X}_j^{\mathrm{T}}\boldsymbol{\Gamma}\boldsymbol{X}_j} \leqslant 0$，$\forall j \in \mathcal{W}$，即第一个约束成立，则第二个约束一定成立，因而模型 RP-SOCP 是独立机会约束模型的松弛形式，对于一个最小化问题来说，$Z^D < Z^I$。

（2）当 $Q = \sqrt{\dfrac{1-\varepsilon}{\varepsilon}}$ 时，证明过程与第一种情况类似。

（3）当 $Q > \sqrt{\dfrac{1-\varepsilon}{\varepsilon}}$ 时，如果 $j \in \mathcal{J}$，根据定理 3.1，不等式 (3-25)~ 不等式 (3-27) 比约束 (3-17) 更紧。当 $j \in \mathcal{W} \setminus \mathcal{J}$ 时，$\boldsymbol{X}_j^{\mathrm{T}}\boldsymbol{u} - N_j + Q\sqrt{\boldsymbol{X}_j^{\mathrm{T}}\boldsymbol{\Gamma}\boldsymbol{X}_j} \leqslant 0$ 是约束 (3-17) 成立的充分条件，RP-SOCP 的可行域比独立机会约束限制下更紧，则 $Z^D > Z^I$。不等式的另一边由 Chen 等人[118] 的论文中的定理 3.2 中给出，即 $Z^D < Z^B$。 □

3.4　求 解 方 法

对于含参 SOCP 问题，本书提出改进的参数迭代优化算法求解，详见 3.4.1节。该算法在求解大规模问题时仍然十分困难。根据 3.3节的性质，本书采用外逼近算法对特殊情况下的算例加速求解。

3.4.1　改进的参数迭代算法

由于 $\Upsilon(\boldsymbol{N}, \boldsymbol{X}, \boldsymbol{\lambda}, \mathcal{J})$ 并非关于 $\boldsymbol{Y}$，$\boldsymbol{N}$ 和 $\boldsymbol{\lambda}$ 的凸函数，求解命题 3.3所述问题的最大困难在于如何找到合适的 $\boldsymbol{\lambda}$ 和 $\mathcal{J}$。幸运的是，当 $\boldsymbol{Y}$ 和 $\boldsymbol{N}$ 的值固定时，我们可以通过迭代的方法改进当前得到的 SOCP，并找到使模型 RP-SOCP 可行的参数 $\boldsymbol{\lambda} > 0$ 和集合 $\mathcal{J} \subseteq \mathcal{W}$[118]。为了改进当前目标函数，我们需要找到模型 RP-SOCP 中更大的松弛变量。定义 $\mathcal{H}(\boldsymbol{X}, \boldsymbol{N}) = \left\{j : \max\limits_{j\in\mathcal{W}}\left[\boldsymbol{X}_j^{\mathrm{T}}\boldsymbol{d} - N_j\right] > 0\right\}$，目标函数 (3-29) 能够通过调整 λ_j 和 $j \in \mathcal{H}(\boldsymbol{X}, \boldsymbol{N})$ 的方式不断改进。对于 RP-SOCP 的一个可行解 $(\boldsymbol{X}, \boldsymbol{N})$ 来说，我们可以通过求解模型 (3-31) 调整集合 $\mathcal{H}(\boldsymbol{X}, \boldsymbol{N})$。

$$\min_{t} \quad \sum_{j=1}^{J} t_j,$$

$$\text{s.t.}\quad \boldsymbol{X}_j^{\mathrm{T}}\boldsymbol{u} - N_j + Q\sqrt{\boldsymbol{X}_j^{\mathrm{T}}\boldsymbol{\Gamma}\boldsymbol{X}_j} \leqslant t_j, \forall j \in \mathcal{W}, \tag{3-31}$$
$$t \in \mathbb{R}$$

在得到模型 (3-31) 的最优解后，更新集合 $\mathcal{H}(\boldsymbol{X},\boldsymbol{N}) = \{j : t_j^* > 0\}$。如果集合 $\mathcal{H}(\boldsymbol{X},\boldsymbol{N})$ 是非空的，最优的 $\boldsymbol{\lambda}^*$ 可通过求解模型 (3-32) 来获得。

$$\begin{aligned} \min_{\lambda} \quad & \Upsilon(\boldsymbol{N},\boldsymbol{X},\boldsymbol{\lambda},\mathcal{H}), \\ \text{s.t.} \quad & \sum_{j\in\mathcal{H}(\boldsymbol{X},\boldsymbol{N})} \lambda_j = 1, \\ & \lambda_j \geqslant 0,\ \forall j \in \mathcal{H}(\boldsymbol{X},\boldsymbol{N}) \end{aligned} \tag{3-32}$$

迭代改进参数 $\boldsymbol{\lambda}$ 和 $\mathcal{H}(\boldsymbol{X},\boldsymbol{N})$ 的方法如算法 1 所示。

算法 1 求解 RP-SOCP 的迭代算法

输入： TC：模型 RP-SOCP 的目标函数，初始解为 $\mathrm{TC}^1 = 0$

$\mathcal{H}(\boldsymbol{X},\boldsymbol{N})$：全集 $\mathcal{W}$ 的一个子集，且 $\mathcal{H}^1(\boldsymbol{X},\boldsymbol{N}) = \mathcal{W}$

$\boldsymbol{\lambda}$：参数向量，初始解为 $\lambda_j^1 = 1/|J|, \forall j \in \mathcal{H}^1(\boldsymbol{X},\boldsymbol{N})$

τ：一个比较小的数

K：最大迭代次数

算法流程：

1: **for** $k = 1 : K$ **do**
2: 　输入 $\boldsymbol{\lambda}^k$ 和 $\mathcal{H}^k(\boldsymbol{X},\boldsymbol{N})$ 求解模型 RP-SOCP。得到最优解 ($\boldsymbol{Y}^*$, $\boldsymbol{X}^*$, $\boldsymbol{N}^*$) 和最小的目标函数 TC^*。令 ($\boldsymbol{Y}^k$, $\boldsymbol{X}^k$, $\boldsymbol{N}^k$)=($\boldsymbol{Y}^*$, $\boldsymbol{X}^*$, $\boldsymbol{N}^*$)，TC^{k+1}=TC^*
3: 　**if** $\mathrm{TC}^{k+1} - \mathrm{TC}^k \leqslant \tau$ 或者 $\mathcal{H}^k(\boldsymbol{X},\boldsymbol{N}) = \varnothing$ **then**
4: 　　跳出循环
5: 　**end if**
6: 　固定 $\boldsymbol{Y}^k$, $\boldsymbol{X}^k$, $\boldsymbol{N}^k$，找到模型 (3-31) 的最优解 t^*，$\mathcal{H}^k(\boldsymbol{X},\boldsymbol{N})$，$\boldsymbol{\lambda}^k$
7: 　令 $\mathcal{H}^{k+1}(\boldsymbol{X},\boldsymbol{N}) := \{j|t_j^* > 0, j \in \mathcal{W}\}$
8: 　固定 $\boldsymbol{Y}^k$, $\boldsymbol{X}^k$, $\boldsymbol{N}^k$, $\mathcal{H}^{k+1}(\boldsymbol{X},\boldsymbol{N})$，求解模型 (3-32)。得到最优的 $\boldsymbol{\lambda}^*$，令 $\boldsymbol{\lambda}^{k+1} = \boldsymbol{\lambda}^*$
9: **end for**

尽管在一般情况下，算法 1需要反复迭代才能得到最终的最优解，但当 $Q \leqslant \sqrt{\dfrac{1-\varepsilon}{\varepsilon}}$ 时，仅需两次迭代即可跳出循环、达到最优，如引理 3.3 所示。

引理 3.3　当 $Q \leqslant \sqrt{\frac{1-\epsilon}{\epsilon}}$ 时，算法 1在第二次迭代时停止，终止的条件为 $\mathcal{H}^2(\boldsymbol{X},\boldsymbol{N})=\varnothing$。

证明　在算法 1中，由于在第一次迭代时，集合 $\mathcal{H}^1(\boldsymbol{X},\boldsymbol{N})=\mathcal{W}$，根据定理 3.1，对于所有的 $j \in \mathcal{W}$，约束 (3-25)~ 约束 (3-27) 比约束 (3-17) 更紧。又因为 $Q \leqslant \sqrt{\frac{1-\varepsilon}{\varepsilon}}$，可知

$$\boldsymbol{X}_j^{\mathrm{T}}\boldsymbol{u}-N_j+Q\sqrt{\boldsymbol{X}_j^{\mathrm{T}}\boldsymbol{\Gamma}\boldsymbol{X}_j} \leqslant \boldsymbol{X}_j^{\mathrm{T}}\boldsymbol{u}-N_j+\sqrt{\frac{1-\varepsilon}{\varepsilon}}\sqrt{\boldsymbol{X}_j^{\mathrm{T}}\boldsymbol{\Gamma}\boldsymbol{X}_j} \leqslant 0$$

因此，约束 (3-30) 相较于 (3-17) 冗余，即模型 (3-30) 在仅含有式 (3-25) ~ 式 (3-27) 时仍然成立。由于模型 (3-31) 计算了模型 (3-30) 的松弛情况，对于冗余约束来说，相应的松弛变量为 0（$t_j \leqslant 0, \forall j \in \mathcal{W}$），也就是说 $\mathcal{H}^2(\boldsymbol{X},\boldsymbol{N})=\varnothing$，达到了跳出条件，算法结束。引理得证。 □

引理 3.4　当 $Q \leqslant \sqrt{\frac{1-\varepsilon}{\varepsilon}}$ 时，RP-SOCP 等价于如下模型 RP-1。

$$\begin{aligned}
\text{RP-1}: \quad \min \quad & \beta(\epsilon r+\boldsymbol{\mu}^{\mathrm{T}}\boldsymbol{q})+\sum_{j \in J}\{f_jY_j+a_jN_j\}, \\
\text{s.t.} \quad & \text{式 (3-4)}, \text{式 (3-5)}, \text{式 (3-6b)}, \text{式 (3-6c)}, \\
& \text{式 (3-6e)}, \text{式 (3-10)}, \text{式 (3-11)}, \text{式 (3-12)}, \\
& \text{式 (3-30)},
\end{aligned} \tag{3-33}$$

证明　根据引理 3.3，当 $Q \leqslant \sqrt{\frac{1-\varepsilon}{\varepsilon}}$ 时，算法 1在第二次迭代时触发跳出条件 $\mathcal{H}^2(\boldsymbol{X},\boldsymbol{N})=\varnothing$ 结束。此条件显示约束 (3-25) ~ 约束 (3-27) 是无效的。因而，当模型 RP-SOCP 把无效约束都去掉之后等价于模型 RP-1。 □

3.4.2 求解模型 RP-1 的外逼近算法

外逼近（OA）算法是求解切平面问题的一类经典算法，最初由 Duran 和 Grossmann 在 1987 年提出[133]，主要用来求解混合整数非线性规划问题（mixed-integer nonlinear programs，MINLP），该算法的详细介绍在附录 A给出。在求解 RP-1 时，我们首先在引理 3.5中证明该问题的线性松弛的凸性，再进一步设计算法求解。

引理 3.5　当 $\boldsymbol{Y}$ 和 $\boldsymbol{N}$ 为连续变量时，RP-1 是凸的。

证明　除了非线性约束 (3-11) 和约束 (3-30) 之外，RP-1 是一个完整的线性规划，因此，我们只需证明非线性项 (3-11) 和约束 (3-30) 的凸性。定义

$$\Phi(\boldsymbol{q}, r) = \sqrt{\boldsymbol{q}^{\mathrm{T}}\boldsymbol{\Sigma}\boldsymbol{q}} - r \tag{3-34a}$$

$$\Psi(\boldsymbol{X}_j, \boldsymbol{N}_j) = Q\sqrt{\boldsymbol{X}_j^{\mathrm{T}}\boldsymbol{\Sigma}\boldsymbol{X}_j} + \boldsymbol{X}_j^{\mathrm{T}}\boldsymbol{u} - N_j \tag{3-34b}$$

与 Shahabi 等人在 2014 年[134] 的论文相似。$\Phi(\boldsymbol{q}, r)$ 和 $\Psi(\boldsymbol{X}, \boldsymbol{N})$ 是凸函数，引理得证。 □

3.4.2.1　初始化

初始化的目的在于找到原问题的一个可行解。首先，我们假设具有最低建造成本的设施被建立，即 $Y_{j^*}^0 = 1$, $j^* = \{j|f_j = \min_{s\in J} f_s\}$。然后，对于所有不能在规定时长内被所建立的设施覆盖的需求点来说，建立其周围的一个设施来满足该点需求，即 $Y_{j^\circ}^0 = 1$, $j^\circ = \{j|I \setminus I_{j^*}\}$。最后，根据约束 (3-6b) 和约束 (3-6c)，$X_{ij}^0 = 1$ if $j = j^*$且$j = j^\circ, \forall i \in I$；根据式 (3-30), 可得相应的救护车数量为 $N_j = \lceil \boldsymbol{X}_j^{0\mathrm{T}}\boldsymbol{u} + Q\sqrt{\boldsymbol{X}_j^{0\mathrm{T}}\boldsymbol{\Gamma}\boldsymbol{X}_j^0} \rceil$。

3.4.2.2　OA 子问题

子问题 SP 的主要任务是在整数变量值被固定时，找到其他连续变量的最佳取值。在第 h 次迭代时，输入整数变量值 $\tilde{Y}_j^h$ 和 $\tilde{N}_j^h$，对应的子问题为

$$\begin{aligned}
\text{SP}: \min \quad & \beta(\epsilon r + \boldsymbol{\mu}^{\mathrm{T}}\boldsymbol{q}) + \sum_{j\in J}\left\{f_j\tilde{Y}_j^h + a_j\tilde{N}_j^h\right\}, \\
\text{s.t.} \quad & \boldsymbol{X}_j^{\mathrm{T}}\boldsymbol{u} - \tilde{N}_j^h + Q\sqrt{\boldsymbol{X}_j^{\mathrm{T}}\boldsymbol{\Gamma}\boldsymbol{X}_j} \leqslant 0, \forall j \in \mathcal{W}, \\
& X_{ij} \leqslant \tilde{Y}_j^h, \forall i \in I, \forall j \in J \\
& \text{式 (3-6b), 式 (3-6e), 式 (3-10), 式 (3-11), 式 (3-12)}
\end{aligned}$$

3.4.2.3　OA 主问题

OA 算法主问题 MP 为混合整数线性规划问题（mixed-integer linear program，MILP），MP 通过 SP 的最优连续变量 $\tilde{r}^h$, $\tilde{\boldsymbol{q}}^h$, and $\tilde{\boldsymbol{X}}^h$，对

非线性约束 (3-11) 和约束 (3-30) 加切，切的具体表达形式在命题 3.5中表示。

命题 3.5 在第 h 次迭代中，非线性约束 (3-11) 和非线性约束 (3-30) 的 OA 切为

$$\boldsymbol{q}^{\mathrm{T}}\boldsymbol{\Sigma}\tilde{\boldsymbol{q}}^{h} - r\tilde{r}^{h} \leqslant 0 \tag{3-35a}$$

$$\left(\boldsymbol{X}_j^{\mathrm{T}}\boldsymbol{u} - N_j\right)\sqrt{\tilde{\boldsymbol{X}}_j^{h^{\mathrm{T}}}\boldsymbol{\Gamma}\tilde{\boldsymbol{X}}^{h}{}_j} + Q\boldsymbol{X}_j^{\mathrm{T}}\boldsymbol{\Gamma}\tilde{\boldsymbol{X}}_j^{h} \leqslant 0 \tag{3-35b}$$

证明 由引理 3.5可知，$\varPhi(\boldsymbol{q},\boldsymbol{r})$ 和 $\varPsi(\boldsymbol{X}_j,\boldsymbol{N}_j)$ 具有凸性，对 $\varPhi(\boldsymbol{q},\boldsymbol{r})$ 和 $\varPsi(\boldsymbol{X}_j,\boldsymbol{N}_j)$ 进行一阶泰勒展开，可得 $\varPhi(\tilde{\boldsymbol{q}}^h,\tilde{\boldsymbol{r}}^h)+\nabla\varPhi(\tilde{\boldsymbol{q}},\tilde{\boldsymbol{r}})\left[\boldsymbol{q}-\tilde{\boldsymbol{q}}^h, r-\tilde{r}^h\right]^{\mathrm{T}} \leqslant \varPhi(\boldsymbol{q},\boldsymbol{r}) \leqslant 0$ 和 $\varPsi(\tilde{\boldsymbol{X}}_j^h,\tilde{N}_j^h)+\nabla\varPsi(\tilde{\boldsymbol{X}}_j^h,\tilde{\boldsymbol{N}}_j^h)[\boldsymbol{X}_j-\tilde{\boldsymbol{X}}_j^h, N_j-\tilde{N}_j^h]^{\mathrm{T}} \leqslant \varPsi(\boldsymbol{X}_j,N_j) \leqslant 0$，其中 $\nabla\varPhi(\tilde{\boldsymbol{X}}_j^h,\tilde{\boldsymbol{N}}_j^h)=\left[\dfrac{(\tilde{\boldsymbol{q}}^h)^{\mathrm{T}}\boldsymbol{\Gamma}}{\sqrt{(\tilde{\boldsymbol{q}}^h)^{\mathrm{T}}\boldsymbol{\Gamma}\tilde{\boldsymbol{q}}^h}},-1\right]$，$\nabla\varPsi(\tilde{\boldsymbol{X}}_j^h,\tilde{\boldsymbol{N}}_j^h)=\left[\boldsymbol{\mu}^{\mathrm{T}}+\dfrac{Q(\tilde{\boldsymbol{X}}_j^h)^{\mathrm{T}}\boldsymbol{\Gamma}}{\sqrt{\tilde{\boldsymbol{X}}_j^{h^{\mathrm{T}}}\boldsymbol{\Gamma}\tilde{\boldsymbol{X}}_j^h}},-1\right]$。由于 $\tilde{r}^h=(\tilde{\boldsymbol{q}})^{\mathrm{T}}\boldsymbol{\Gamma}\tilde{\boldsymbol{q}}^h$，通过简单的代数处理，OA 切的数学表达分别为式 (3-35a) 和式 (3-35b)，命题得证。 □

OA 主问题汇总如下：

$$\begin{aligned}
\text{MP}:\quad \min\quad & \eta, \\
\text{s.t.}\quad & \eta \geqslant \beta(\epsilon r+\boldsymbol{\mu}^{\mathrm{T}}\boldsymbol{q})+\sum_{j\in J}\{f_jY_j+a_jN_j\} && \text{(3-36)}\\
& \eta \leqslant \mathrm{UB}^h-\varepsilon, \forall h && \text{(3-37)}\\
& \text{式 (3-3), 式 (3-6b), 式 (3-6c), 式 (3-6e),}\\
& \text{式 (3-10), 式 (3-11), 式 (3-12), 式 (3-35a), 式 (3-35b)}
\end{aligned}$$

其中，式 (3-36) 定义了目标函数，约束 (3-37) 保证 MP 的最优值不会超过前 h 次迭代中获得的上界 (UB^h)。在这里，我们采用由 Fletcher 等人[135] 提出的 ε-最优的方法进行求解。当 MP 不可行时，停止迭代。具体算法流程见算法 2。

算法 2 OA 算法

输入： $\tilde{Y}_j^0$ 和 $\tilde{N}_j^0$：整数决策变量 Y_j 和 N_j 的初始解

LB^0：原问题下界，等于 $-\infty$

UB^0：原问题上界，等于 ∞

$\mathbb{K}$：最大迭代次数

算法流程：

1: **for** $h = 1 : \mathbb{K}$ **do**
2: 求解 SP。得到最优解 $\tilde{X}_{ij}^h$，$\tilde{q}_i^h$ 和 $\tilde{r}^h$，令 SP 的最优目标函数值为问题上界 UB^h
3: 将 SP 求得的 $\tilde{X}_{ij}^h$，$\tilde{q}_i^h$ 和 $\tilde{r}^h$ 代入式 (3-35a) 和式 (3-35b)，建立 OA 切，求解 MP，求得 $\tilde{Y}_j^h$ 和 $\tilde{N}_j^h$，令 MP 的目标函数为当前问题下界 LB^h
4: **if** MP 不可行 **then**
5: 停止迭代，返回当前值
6: **end if**
7: **end for**

3.5 数值实验

本节将通过一系列数值实验验证模型的有效性和可靠性，并对联合机会约束的 Bonferroni 近似、独立机会约束的经典近似方法、基于场景的随机规划方法（详见 B.1）和本章提出的分布式鲁棒优化模型四种方法进行系统比较。另外，本节还验证了 OA 算法的有效性。值得注意的是，除了独立机会约束的经典近似方法外，其他三种模型均是针对联合机会约束的近似，联合机会约束能够保证整个系统的稳定性，而独立机会约束仅仅是满足每个需求点的需求。不同方法对应的最优网络结构将会在 3.5.3节展示。DRM 的系统稳定性将会在 3.5.4节展示。基于实证数据的数值结果将会在 3.5.5节展示。

所有数值实验均是在具有 64 位 3.4-GHz Intel Core i9 处理器、内存为 32GB 且运行 Windows 10 操作系统的计算机上进行的，计算时间以秒为单位报告。求解器 Mosek 8.0.0.79[136] 被直接应用于求解模型 RP-SOCP，RP-1，以及 OA 算法的 MP 和 SP，跳出条件为最优间隙（optimality gap）小于 0.01。所有代码均是用 MATLAB 编程实现，且应用 YALMIP 工具包[137] 作为 MATLAB 和 Mosek 的媒介。

3.5.1 性能分析

根据 I，J 和 Q 的不同取值，本节共考虑 25 组不同规模的算例，其中 $I = J$ 的可能取值为 10，15，20，25，30，Q^2 的可能取值为 10，19，

30，40，50，对于不同问题规模，共随机生成五组算例。在基于场景的算法中，随机变量 $\boldsymbol{\Theta}$ 和 $\boldsymbol{D}$ 各生成 20 个可能取值。

在进行数值实验时，我们将整个系统限定在一个 10×10 的方框内，随机生成需求点和可能的设施位置。参数选择与 Zhang 和 Li 在 2015 年的研究[55] 类似。

f_j 在 [25,75] 区间内随机生成；

a_j 在 [1,3] 区间内随机生成；

β 等于 5；

α 等于 0.95；

Θ_i 在公式 (3-7) 定义的分布集内随机生成，$\boldsymbol{\Sigma}$ 是半正定矩阵，$\boldsymbol{\mu}$ 在 [0.1,5] 区间内均匀生成，σ_i 在 [0.5,1.5] 均匀生成；日常需求的协方差系数为 $\rho_{ij}^{\Theta} = 0.1$，$\forall i \neq j$ &$\rho_{ij}^{\Theta} = 1$，$\forall i = j$；

D_i 在公式 (3-14) 定义的分布集中均匀生成，$\boldsymbol{\Gamma}$ 是半正定矩阵，$\boldsymbol{u}$ 在 [0.1,10] 区间内随机生成，γ_i 在 [0,2] 随机生成；MNCD 的协方差系数为 $\rho_{ij}^{D} = 0.1$，$\forall i \neq j$ &$\rho_{ij}^{D} = 1$，$\forall i = j$。

根据公式 (3-7)，我们采用数据驱动的方式构造分布集 $\mathcal{F}$[22-23]，并按照多元正态分布，从整体中随机生成 1000 个日常需求模拟真实历史数据，再基于这些历史数据依照数据驱动方法准备输入参数和分布集合、完成数值实验。首先，计算随机变量 $\boldsymbol{\Theta}$ 的样本均值和样本方差，分别记做 $\hat{\boldsymbol{\mu}}$ 和 $\boldsymbol{\Sigma}_0$。然后，根据式 (3-7)，令 $\delta = 0.05$，$R^2 = \max\limits_{m=1,2,\cdots,M} (\boldsymbol{\Theta}_m - \hat{\boldsymbol{\mu}})^{\mathrm{T}} \boldsymbol{\Sigma}_0^{-1} (\boldsymbol{\Theta}_m - \hat{\boldsymbol{\mu}})$，$\epsilon = (R/\sqrt{M})[2 + \sqrt{2\ln(1/\delta)}]$，估计随机变量均值 $\mathbb{E}(\boldsymbol{\Theta})$ 的分布集合。分布集 $\mathcal{G}$ 是半径为 Q（$Q = \sqrt{10}, \sqrt{19}, \sqrt{30}, \sqrt{40}, \sqrt{50}$）的椭球集。最后，令 $\tau = 0.01$，$K = 30$，实现算法 1。

我们比较了不同问题规模下五组算例的平均目标函数（最优成本）。四种算法——基于场景的建模方法、本章提出的分布式鲁棒优化方法、Bonferroni 近似方法和独立机会约束近似方法，分别被简称为“Scb”“DRM”“Bon”和“Ind”。基于场景的建模方法将在附录 B.1中详细介绍。独立机会约束的近似方法是公式 (3-17) 中提到的基于 CVaR 的近似方法。为了使比较结果更为明确，表 3.1 以比例的形式进行展示，即表中结果为其他算法的目标函数值除以独立机会约束近似下的目标函数值。

从表 3.1中不难看出，当随机变量 $\boldsymbol{D}$ 所在的不确定椭球集 (3-14) 的半径减小时，我们对随机参数的估计值更为准确，因而可以获得更小的总成本。根据定理 3.2，当 $\varepsilon=0.05$，$Q^2=(1-\varepsilon)/\varepsilon=19$ 时，$Z^I=Z^D$，表 3.1中该列比值总是为 1，实验结果与理论证明结果一致。当 $Q^2<(1-\varepsilon)/\varepsilon$ 或 $Q^2>(1-\varepsilon)/\varepsilon$ 时，数值实验结果仍与理论一致。另外，DRM 对应的目标函数值远小于 Bon，有效克服了 Bonferroni 近似带来的过保守性。由于 ScB 仅仅考虑了分布集中的部分样本，并不一定将最坏情况纳入优化范畴，因而其对应的目标函数在理论上应该小于或等于鲁棒优化模型。与独立机会约束相比，联合机会约束更加强调系统的稳定性，因而会带来成本的提高，与稳定性相关的比较将会在 3.5.4节详细阐述。

表 3.1　ScB，DRM，Bon 和 Ind 四种算法的目标函数值比较结果

$\lvert I\rvert=\lvert J\rvert$	ScB					DRM					Bon	Ind
	10	19	30	40	50	10	19	30	40	50		
10	0.97	0.97	0.99	0.99	1.00	0.98	1.00	1.01	1.02	1.03	1.13	1.00
15	0.92	0.93	0.94	0.94	0.96	0.96	1.00	1.12	1.15	1.18	1.38	1.00
20	0.98	0.99	0.99	1.00	1.00	0.98	1.00	1.02	1.04	1.05	1.28	1.00
25	0.83	0.84	0.84	0.85	0.85	0.96	1.00	1.03	1.06	1.08	1.51	1.00
30	0.82	0.82	0.83	0.83	0.84	0.97	1.00	1.03	1.05	1.08	1.48	1.00

表 3.2记录了四种算法运算时间的均值和标准差（括号内的值），其中 Bon 能在最短的时间内得到问题的最优解，DRM 的运行时间最长。然而，本节研究的选址问题为战略优化、而非实时优化决策，运算效率并非最重要的因素。在问题规模较小（I 和 J 较小）时，随着分布集半径 Q 的增加，DRM 的时间无显著差异；当问题规模较大（I 和 J 较大）且 $Q^2\geqslant 19$ 时，运行时间会随着分布集合半径 Q 的增大而减小。ScB 算法的运行时间无明显趋势。

表 3.2　运行时间汇总（以秒为单位）

$\lvert I\rvert=\lvert J\rvert$	Bon	ScB				
		$Q^2=10$	$Q^2=19$	$Q^2=30$	$Q^2=40$	$Q^2=50$
10	1.10 (0.36)	3.22 (0.39)	3.51 (0.41)	3.44 (0.45)	3.57 (0.72)	5.04 (0.88)
15	6.38 (4.41)	17.80 (4.95)	20.94 (8.15)	19.80 (7.19)	20.49 (4.37)	22.06 (8.14)

续表

$\vert I\vert = \vert J\vert$	Bon	ScB				
		$Q^2 = 10$	$Q^2 = 19$	$Q^2 = 30$	$Q^2 = 40$	$Q^2 = 50$
20	59.29 (19.30)	78.57 (23.98)	73.80 (22.69)	85.30 (31.74)	72.65 (18.53)	79.70 (29.76)
25	141.01 (108.64)	280.97 (120.23)	285.95 (75.98)	305.04 (134.40)	265.17 (98.60)	314.62 (114.05)
30	1070.99 (521.81)	705.25 (160.50)	656.45 (81.58)	588.97 (122.75)	669.97 (113.47)	727.36 (138.55)
$\vert I\vert = \vert J\vert$	Ind	DRM				
		$Q^2 = 10$	$Q^2 = 19$	$Q^2 = 30$	$Q^2 = 40$	$Q^2 = 50$
10	1.23 (0.37)	15.64 (7.84)	15.56 (13.57)	17.56 (17.72)	14.90 (12.59)	14.89 (12.70)
15	11.19 (6.56)	79.09 (36.19)	75.01 (31.51)	87.98 (25.36)	87.73 (25.37)	84.68 (25.90)
20	121.72 (39.43)	285.20 (24.48)	278.42 (35.80)	262.60 (27.63)	253.34 (28.01)	248.22 (26.95)
25	502.89 (258.29)	1580.35 (341.25)	1430.90 (226.73)	1369.63 (199.38)	1352.11 (204.21)	1466.92 (370.54)
30	7553.39 (4829.04)	12403.49 (4819.81)	11594.63 (5143.79)	10967.14 (3562.55)	9826.28 (3046.06)	9166.01 (3009.20)

表 3.3记录了在 $Q^2 \leqslant \sqrt{\dfrac{1-\epsilon}{\epsilon}}$ 时，OA 算法的运算效率。在 $Q^2 = 10$ 和 $Q^2 = 19$ 时，针对不同的 $|I|$ 和 $|J|$ 规模，随机生成 5 组算例，记录三种算法运行的平均时间。列“DRM”表示直接利用算法 1求解模型 RP-SOCP 所需的时间，列“Mosek”表示直接用 Mosek 求解模型 RP-1 所需的时间，列“OA”记录了利用 OA 算法求解模型 RP-1 的时间。假设最高运行时间为 14400s，表 3.3中有 * 标记的数值代表在 14400s 内该算法并未得到最优解。

表 3.3显示，OA 算法的运算效率显著优于其他两种方法。尽管列“Mosek”和列“DRM”所求解的模型（分别为 RP-SOCP 和 RP-1）并不一致，若能在规定时间内完成计算，二者总能得到相同的最优目标值，进一步验证了模型在特殊情况下的理论性质：引理 3.3和引理 3.4。

表 3.3 OA 算法运行效率对比（以秒为单位）

$\|I\|=\|J\|$	$Q^2=10$			$Q^2=19$		
	DRM	Mosek	OA	DRM	Mosek	OA
10	15.64	0.31	0.14	15.56	0.29	0.14
15	79.09	1.07	0.30	75.01	1.14	0.32
20	285.2	6.33	1.39	278.42	2.28	0.76
25	1580.35	40.25	6.12	1430.90	37.11	5.69
30	12403.49	1216.15	17.92	11594.63	197.52	6.62
35	14400.00*	7296.62	74.80	14400.00*	7358.82	69.84
40	14400.00*	14400.00*	396.03	14400.00*	14400.00*	401.43
45	14400.00*	14400.00*	742.57	14400.00*	14400.00*	1075.07
50	14400.00*	14400.00*	4874.18	14400.00*	14400.00*	4835.95

3.5.2 灵敏度分析

本节主要对单位运输成本 (β) 和 MNCD 的均值 ($\boldsymbol{u}$) 进行灵敏度分析。在分析时，需控制其他参数保持一致。图 3.1和图 3.2显示了总成本（虚线）、建立的设施数（条形图数值）和救护车总数（括号内的值）。

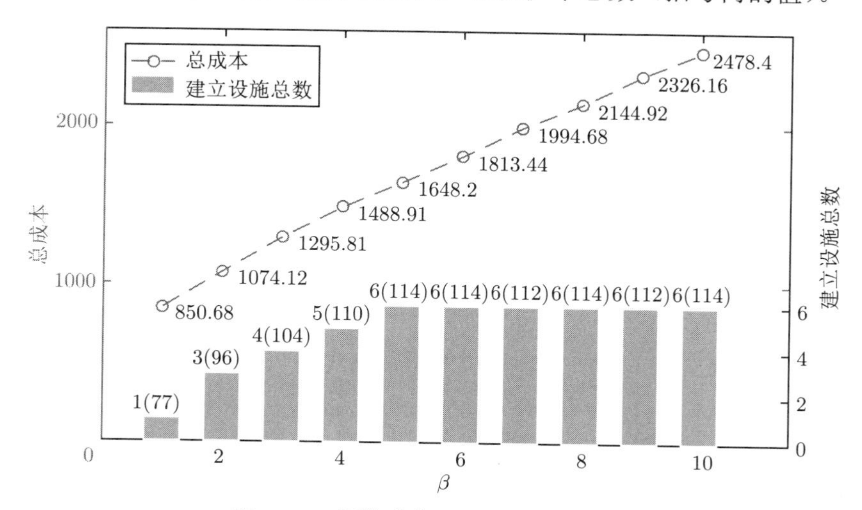

图 3.1 运输成本 (β) 的灵敏度分析

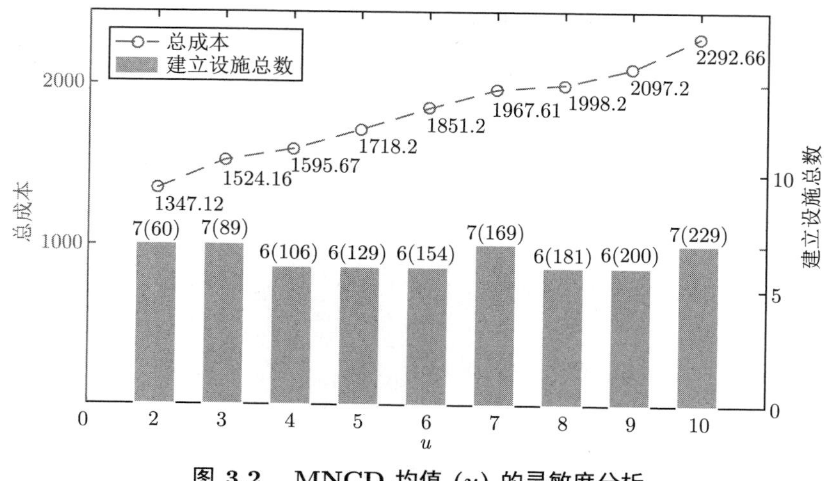

图 3.2　MNCD 均值 (u) 的灵敏度分析

3.5.2.1　对单位运输成本 (β) 的灵敏度分析

由图 3.1所示，系统总成本、救护车总数和建立的设施数均会随着 β 的提高而增加。呈现这种递增趋势的原因是，在单位运输成本增加时，决策者需要通过建立更多的急救中心或者配备更为充足的救援资源来达到降低运输成本的目的。

3.5.2.2　对 MNCD 均值 (u) 的灵敏度分析

本节考虑 MNCD 均值 (u) 对于最优决策的影响。图 3.2显示，最优条件下的总成本和救护车数量会随着 u 的增大而增大；而建设的设施数量大致保持不变。结果显示，当紧急情况下同时发生的需求数增大时，管理者可以通过加大备货量、购置救援设备的方法应对库存风险。

3.5.3　拓扑结构分析

在本节中，我们比较了联合机会约束的三种近似方法对于网络拓扑结构的影响，即 Bon，Scb 和 DRM。首先，在 10×10 的方格中生成 25 个随机节点，所有节点均可作为可选设施或需求点；然后，按照 3.5.1节中的定义生成其他参数。图 3.3展示了一组最优的拓扑结构，其中黑点代表随机生成的 25 个节点、红圈代表建立的设施位置、红圈的边框粗度代表该点储藏的救护车数量、蓝线代表需求的匹配结果（线的粗度代表需求分配比例）。

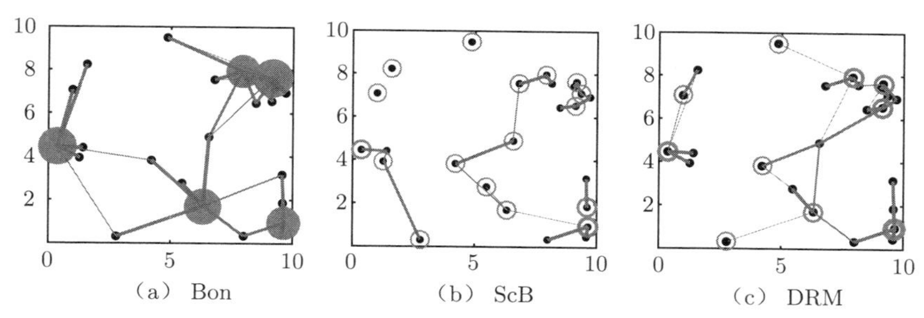

图 3.3　算法 Bon、ScB 和 DRM 的拓扑结构分析（前附彩图）

为了定量化比较几种模型的拓扑结构，定义单位设施对应的平均边数（M#EF）和单位设施对应的平均需求（M#DF）作为设施提供服务程度的判别指标；同时定义需求点连接的平均设施数（M#CF）和各个需求点的平均服务距离（MTD）作为需求点接受服务程度的判别指标，见表 3.4。

表 3.4　指标 M#EF，M#DF，M#CF 和 MTD 的具体定义

设施提供服务程度的判别指标	M#EF	M#DF
定义	$\sum_j \sum_i \mathcal{I}\{X_{ij} > 0\} \Big/ \sum_j Y_j$	$\sum_j \sum_i [d_i X_{ij}] \Big/ \sum_j Y_j$
需求点接受服务程度的判别指标	M#CF	MTD
定义	$\sum_j \sum_i \mathcal{I}\{X_{ij} > 0\} / I$	$\sum_j \sum_i [c_{ij} X_{ij}] / I$

表 3.5记录了系统总成本（TC）、建立的设施总数（TY）和所需救护车的总量（TN），M#EF，M#DF，M#CF 和 MTD，通过对比分析，我们可以观测到如下几个现象：

（1）基于随机规划的 ScB 方法倾向于建设更多的设施和储备更少的救护车，而 Bonferroni 近似方法的结论则恰恰与之相反。本节提出的分布式鲁棒优化方法 DRM 是两种方法的中和，DRM 倾向于建造数量适中的设施数量，并通过匹配适宜数量的救护车来满足各个需求点的需求，它集成了随机规划和 Bonferroni 近似的优点，使决策方案不致太过极端。

（2）在评估急救中心工作负担时，Bonferroni 近似方法要求每个设施所连接的平均需求点数和平均需求量分别为 8.0 和 10.8，显著高于 ScB 方法和 DRM 方法。而在大规模紧急情况发生时，设施中断和失效时有发生，由 Bonferroni 近似给出的过于集中的最优拓扑结构，更易受到中断风险的影响，而 ScB 和 DRM 则在一定程度上减轻了中断风险造成的损失。

（3）在评估各个需求点的服务水平时，三种算法表现相似。各个需求点所连接的设施平均值大致相等，且大多由多个设施服务同一需求点，这种现象表明，在大规模灾难发生、面临设施中断服务风险时，多重匹配原则能够在运输成本层面最大限度地降低需求未被满足的概率，ScB 和 DRM 对应的加权运输成本分别为 Bon 的 31.85% 和 47.46%，也就是说，前两种模型能在更短的时间内满足需求、提高服务质量。

表 3.5 模型 Bon，ScB 和 DRM 的拓扑结构比较

	总成本	TY	TN	M#EF	M#DF	M#CF	MTD
Bon	4065.090	5	461	8.000	10.800	1.600	1.474
ScB	2208.111	17	194	2.059	3.176	1.400	0.469
DRM	2292.330	10	219	3.800	5.400	1.520	0.699

3.5.4 稳定性验证

本节将利用蒙特卡罗仿真方法来验证 DRM 在系统稳定性上的贡献。假设 MNCD 在各点的相关性为 0，即 $\rho_{ij}^D = 0, \forall i \neq j$，其余参数与 3.5.1节的生成方式一致。当服务水平 α 从 0.6 到 0.99 变化时，通过求解模型 Bon，Ind，ScB 和 DRM，并计算相应方法在系统整体的需求满足比例，来比较系统整体的稳定性，具体方法如下。

步骤 1：假设 $I = J = 30, Q^2 = 50$，计算最优的网络结构和各个设施中心救护车储备数量。

步骤 2：在不确定集 (3-14) 中，通过蒙特卡罗仿真方法随机生成 100000 个 MNCD 的可能取值。

步骤 3：计算 100000 个样本中需求被满足的概率。

需求在整个地理空间上被满足的概率被汇总在表 3.6中。其中，表的第一列列举了被建立的设施序号，用符号 $\hat{j}$ 表示，符号“$-$”代表该节点未被建立。如表 3.6所述，由蒙特卡罗仿真得到的各点需求被满足概率均大于预先设定的服务水平 α 值。除此之外，表 3.6还展示了四种方法在整个系统上的需求满足比率。定义

$$\text{系统稳定性（}\boldsymbol{R}\text{）} = \prod_{j\in\mathcal{P}} p_j$$

其中，$\mathcal{P} = \{j|Y_j = 1\}$，$p_j$ 代表各个蒙特卡罗方针下各点需求被满足的比率。

表 3.6　四种方法蒙特卡罗方法结果比较

$\hat{j}$	$\alpha = 0.60$				$\alpha = 0.70$				$\alpha = 0.80$			
	Bon	Ind	ScB	DRM	Bon	Ind	ScB	DRM	Bon	Ind	ScB	DRM
2	1.00	0.89	1.00	1.00	1.00	0.94	1.00	1.00	1.00	0.98	1.00	1.00
5	—	—	1.00	—	—	0.94	1.00	—	—	—	—	—
6	1.00	0.89	1.00	1.00	1.00	0.98	1.00	1.00	1.00	0.98	1.00	1.00
7	—	0.89	1.00	—	—	0.98	1.00	—	—	0.98	—	—
8	1.00	0.90	1.00	1.00	1.00	0.96	1.00	1.00	1.00	0.98	1.00	1.00
9	1.00	0.97	1.00	1.00	1.00	0.95	1.00	1.00	1.00	0.98	1.00	1.00
12	1.00	0.98	1.00	1.00	1.00	0.97	1.00	1.00	1.00	0.98	1.00	1.00
14	1.00	0.97	1.00	1.00	1.00	0.98	1.00	1.00	1.00	0.98	1.00	1.00
15	—	0.89	—	—	—	—	—	—	—	—	—	—
16	1.00	0.92	1.00	1.00	1.00	0.94	1.00	1.00	1.00	0.98	1.00	1.00
17	1.00	0.89	1.00	1.00	1.00	0.94	1.00	1.00	1.00	0.98	1.00	1.00
18	1.00	0.89	0.50	1.00	1.00	0.94	0.76	1.00	1.00	0.98	0.76	1.00
19	—	0.89	0.50	1.00	—	0.94	0.76	—	—	0.98	0.76	—
20	—	0.89	0.92	—	—	0.94	0.92	—	—	0.98	1.00	—
21	—	0.89	1.00	—	—	0.93	1.00	—	—	0.98	1.00	—
22	—	0.97	1.00	1.00	—	0.97	1.00	1.00	—	0.98	1.00	1.00
24	—	0.96	1.00	—	—	0.94	—	—	—	0.98	1.00	—
25	1.00	0.92	—	1.00	1.00	—	—	1.00	1.00	0.98	1.00	1.00
26	1.00	0.96	0.98	1.00	1.00	0.94	0.98	1.00	—	0.98	0.98	1.00
27	—	0.89	0.98	—	—	0.94	0.98	—	—	0.98	0.98	—
29	—	0.89	0.22	—	—	0.94	0.98	—	—	0.98	0.98	—
30	1.00	0.92	1.00	1.00	1.00	0.94	1.00	1.00	1.00	0.98	1.00	1.00
R	1.00	0.16	**0.05**	1.00	1.00	0.34	**0.50**	1.00	1.00	0.66	**0.54**	1.00

续表

$\hat{j}$	$\alpha=0.90$				$\alpha=0.95$				$\alpha=0.99$			
	Bon	Ind	ScB	DRM	Bon	Ind	ScB	DRM	Bon	Ind	ScB	DRM
2	1.00	1.00	1.00	1.00	1.00	1.00	1.00	1.00	1.00	1.00	1.00	1.00
5	—	—	1.00	—	—	—	1.00	—	—	—	1.00	—
6	—	1.00	1.00	1.00	—	1.00	1.00	1.00	—	1.00	1.00	1.00
7	—	1.00	1.00	—	—	1.00	1.00	—	—	—	1.00	—
8	1.00	1.00	1.00	1.00	1.00	1.00	1.00	1.00	1.00	1.00	1.00	1.00
9	1.00	1.00	1.00	1.00	1.00	1.00	1.00	1.00	—	1.00	1.00	1.00
12	1.00	1.00	1.00	1.00	—	1.00	1.00	1.00	—	1.00	1.00	1.00
14	1.00	1.00	1.00	1.00	—	1.00	1.00	1.00	—	1.00	1.00	1.00
16	1.00	1.00	1.00	1.00	1.00	1.00	1.00	1.00	1.00	1.00	1.00	1.00
17	—	1.00	1.00	1.00	—	1.00	1.00	1.00	—	1.00	1.00	1.00
18	1.00	1.00	0.81	1.00	1.00	1.00	0.81	1.00	1.00	1.00	0.81	1.00
19	—	1.00	0.76	—	—	1.00	0.76	—	—	—	0.76	—
20	—	1.00	1.00	—	—	1.00	1.00	—	—	—	1.00	—
21	—	1.00	1.00	—	—	1.00	1.00	—	—	—	1.00	—
22	1.00	1.00	1.00	1.00	—	1.00	1.00	1.00	—	—	1.00	1.00
24	—	1.00	1.00	—	—	—	1.00	—	—	—	—	—
25	—	1.00	—	1.00	—	1.00	—	1.00	—	1.00	—	1.00
26	—	1.00	1.00	1.00	—	1.00	1.00	1.00	—	1.00	1.00	1.00
27	—	1.00	0.98	—	—	1.00	1.00	—	—	—	1.00	—
29	—	—	0.98	—	—	—	0.99	—	—	—	1.00	—
30	—	1.00	1.00	1.00	—	1.00	1.00	1.00	—	1.00	1.00	1.00
R	1.00	0.98	**0.59**	1.00	1.00	1.00	**0.61**	1.00	1.00	1.00	**0.62**	1.00

尽管独立机会约束和基于场景的随机规划方法能够在各个独立的需求点获得较高的服务水平，但就整体而言，整个系统所有需求被满足的概率会大大降低。Bonferroni 近似方法和 DRM 方法的结果与之形成鲜明对比，能够保证系统稳定性不低于预先设定的服务水平 α。从保守性上来说，DRM 方法大大降低了 Bon 的过保守性，在保证系统高服务水平的基础上，节约了大量经济成本（表 3.1）。另外，当 α 变大时，ScB 可能出现系统可靠性变小的情况，这是由于基于场景的建模方法仅考虑了部分可能样本，具有一定的随机性，而鲁棒优化总是考虑分布集中的最坏情况，结果更为可靠。

3.5.5 DRM 在实证数据集中的表现

我们将本章提出的 DRM 应用在具有 30 个节点的北京市急救中心选址问题的实证算例中，该数据由 Zhang 和 Li 在 2015 年的论文中提出[55]，服务水平 $\alpha = 0.95$。我们获取了 1000 个日常需求和 MNCD 的历史数据，并采用与 3.5.1节相同的方式生成 $\mathbb{E}_F(\boldsymbol{\Theta})$ 的不确定集合 (3-7)。MNCD ($\boldsymbol{D}$) 的不确定椭球集半径被设定为 $Q^2 = \max\limits_{m=1,2,\cdots,M}(\boldsymbol{D}_m - \hat{\boldsymbol{u}})^{\mathrm{T}} \cdot \boldsymbol{\Gamma}_0^{-1}(\boldsymbol{D}_m - \hat{\boldsymbol{u}})$，其中 $\hat{\boldsymbol{u}}$ 和 $\boldsymbol{\Gamma}_0$ 与由变量 $\boldsymbol{D}$ 的样本均值和样本方差代替。

我们将 DRM，Bon 以及 Zhang 和 Li 论文[55] 中的三种方法在同一数据集上进行了比较，并在表 3.7和表 3.8中进行汇总。在表的第一行，“I-A”“I-S”“I-U” 分别代表随机变量为随机、对称、单峰对称时的独立机会约束近似结果。注意，“I-A” 与前文所述的基于 CVaR 的经典近似方法相同，而 “I-S” 和 “I-U” 则在 “I-A” 的基础上增添了随机变量的更多信息。

表 3.7 五种算法在实证数据集中的比较

	Bon	I-A	I-S	I-U	DRM
总成本比例	1.234	0.966	0.950	0.935	1.000
运算时间比例	0.212	0.619	0.754	0.868	1.000

表 3.8 基于实证数据集的蒙特卡罗仿真结果

	启用设施编号	Bon	I-A	I-S	I-U	DRM
随机抽取	8	1.0000	0.9860	1.0000	1.0000	1.0000
	9	1.0000	1.0000	0.9560	0.9690	1.0000
	24	1.0000	0.9900	0.9070	0.8820	1.0000
	系统稳定性	1.0000	0.9761	0.8671	0.8547	1.0000
在多维正态分布总体中抽取	8	1.0000	1.0000	1.0000	1.0000	1.0000
	9	1.0000	1.0000	0.9993	0.9997	1.0000
	24	1.0000	1.0000	0.9988	0.9977	1.0000
	系统稳定性	1.0000	1.0000	0.9981	0.9974	1.0000

表 3.7汇总了五种算法的最优成本和运算时间，为了使对比更加清晰明确，表 3.7中的数值均是对应算法数值除以 DRM 对应数值的比值。由于独立机会约束仅保证单个需求点的服务水平，而 DRM 和 Bon 考虑系统全局的服务水平，故 DRM 和 Bon 的总成本更高。与 DRM 相比，Bon 使系统成本提高了 23.4%，DRM 的目标函数值仅比独立机会约束近似多了 7%，却带来了在系统稳定性方面的巨大提高（3.5.4节和表 3.8）。

表 3.8采用与 3.5.4节类似的蒙特卡罗仿真方法对系统稳定性进行验证。首先，利用数据驱动方法计算日常需求（$\boldsymbol{\Theta}$）的椭球集 (3-7) 半径 $\epsilon = 8.493$。然后，在两个不同的 MNCD 总体中分别抽取 100 000 个样本进行蒙特卡罗仿真：第一个总体在椭球集中均匀分布；第二个总体来自均值为 $\hat{\boldsymbol{u}}$、方差为 $\boldsymbol{\Gamma}_0$ 的多维正态分布。

如果 MNCD 为随机抽取的变量，各点需求被满足的概率在模型 Bon，I-A 和 DRM 中应当全部大于或等于 0.95，由于样本不一定具备对称或者单峰结构，I-S 和 I-U 的各点需求被满足的概率不一定大于或等于 0.95。由表 3.8可知，I-S 和 I-U 的系统稳定性分别为 0.8671 和 0.8547，小于预先设定的 0.95。而当全体样本符合多元正态分布时，各点需求被满足的概率均大于 0.95，符合预期。

综合考虑表 3.7和表 3.8的结果，DRM 能以较小的成本最大限度地满足系统可靠性。与 Bon 相比，降低了近似的保守性；与独立机会约束近似相比，提高了系统的稳定性。

3.6 本章小结

本章主要介绍了应急救援系统中急救中心的选址和规模设定问题，重点考虑了需求的不确定性和系统需求被满足的比例，并在保证服务水平的基础上尽可能降低了运营成本。研究的主要贡献包括：

（1）在建模方面，本研究提出的两阶段分布式鲁棒优化模型与传统随机规划和独立机会约束建模方式相比，能够在全局系统上保证更大的稳定性、以更高概率满足需求，同时减少了传统近似方法过于保守的弊端。

（2）在对模型的理论性质进行分析时，我们对联合机会约束与独立机会约束的近似程度进行了理论分析，得到了可以推广于其他使用场景的结论。当随机变量的分布不确定集较小、即对随机变量的估计更为准确时，联合机会约束能够保证更高的系统稳定性，甚至能够比基于独立机会约束的建模方法更加准确。

（3）在管理意见方面，由于应急救援系统的主要评价指标为系统的运行效率（在本书中以需求被满足的概率描述），本章所尝试的多种随机建模方法均显示，同一需求点被多个设施服务时能够更好地应对需求不确定性，从而提高调度的灵活程度和需求满足比例。

未来的研究方向包括：如何设计更为高效的算法求解大规模含参 SOCP 问题；当随机变量服从其他分布形式、或者其他不确定分布集时，系统表现是否有所不同；在考虑应急救援系统的其他特点（如公平性、响应时间等）时，模型的结果是否不同，能否得到一些更有价值的管理建议。

第 4 章　在 Wasserstein 模糊集内考虑中断风险的选址问题

现实背景下，大量案例面临高度不确定性，突发事件的存在使各可选设施面临中断风险。与需求不确定性不同，设施的中断会使网络中的信息和物资流动完全停止，从而带来巨大的运营成本。本章在 Wasserstein 模糊集中考虑了可靠设施的选址问题，将供给端的不确定性纳入优化范畴，为解决此类问题提供了新的思路。

4.1　问 题 描 述

在本章中，网络结构由需求点和可选设施点组成，我们假设所有可选设施均面临中断风险，每个设施的可能状态为在线和中断两种，并用 0-1 变量 ξ 表示。在地震等大规模灾难发生时，服务设施由于巨大破坏力被完全中断是极有可能发生的，大量考虑中断的优化模型中都应用了这一假设，如 Chen 等人[138]、Peeta 等人[139]、Günneç 和 Salman[140] 的研究。

为了刻画中断参数的随机性，我们采用分布式鲁棒优化的方法，将可能发生的最坏情况纳入优化范畴，充分挖掘有限历史数据中蕴含的信息，更加准确地估计设施中断的效率，尽量减少传统鲁棒优化过分保守的特点。当随机参数的分布模糊集为 Wasserstein 分布集时，随机参数的真实分布落在以实证分布为中心的椭球内，且已有研究证明，当数据量足够大时，真实分布会与实证分布一致，即等价于随机规划。本章的符号系统如下，粗体字母表示向量或矩阵。

参数：

$\mathcal{I}$　需求点（顾客）集合，下标为 $i = 1, 2, \cdots, I$；

$\mathcal{J}$　可选设施集合，下标为 $j=1,2,\cdots,J$；

$\mathcal{N}$　实证数据集合，下标为 $n=1,2,\cdots,N$；

f_j　可选设施 j 的建造成本；

d_i　顾客 i 的需求；

c_{ij}　顾客 i 到设施 j 的运输成本；

ξ_j　随机变量，0-1 变量，当可选设施 j 中断时，$\xi_j=0$，否则 $\xi_j=1$；随机变量 ξ 的不确定集合为 Ω，$\Omega\subseteq\{0,1\}^J$；

$\hat{\xi}_j^n$　表示设施 j 是否在线的第 n 组实证（历史）数据，当 $\hat{\xi}_j^n=0$ 时，设施 j 被中断，否则为 1；$\hat{\boldsymbol{\xi}}$ 的不确定集合为 $\hat{\Omega}$，$\hat{\Omega}\subseteq\{0,1\}^J$；

$\mathcal{D}$　Wasserstein 模糊集；

$\mathbb{P}$　随机向量 $\boldsymbol{\xi}$ 的联合概率分布；

$\hat{\mathbb{P}}_N$　实证（历史）数据 $\hat{\boldsymbol{\xi}}^n$ 的联合概率分布；

ϵ　Wasserstein 模糊集 $\mathcal{D}$ 的半径大小；

决策变量：

x_j　0-1 变量，当在点 j 建立设施时等于 1，否则为 0。

y_{ij}　0-1 变量，当设施点 j 服务需求点 i 时为 1，否则为 0。

为了避免不可行，假设存在一个虚拟的设施 1 不会中断，即 $\xi_1\equiv 1$。如果需求点 i 被设施 1 服务，则并非有实际的设施来满足该点的需求，会产生一个相应的惩罚成本 c_{i1}。建立虚拟设施 1 的成本被固定为 0。我们将本问题建立为如下两阶段分布式鲁棒优化模型，

$$\min_{\boldsymbol{x}\in\{0,1\}}\left\{\sum_{j\in\mathcal{J}}f_jx_j+\max_{\mathbb{P}\in\mathcal{D}}\mathbb{E}_{\mathbb{P}}\left[h(\boldsymbol{x},\boldsymbol{\xi})\right]\right\}\tag{4-1}$$

其中，当第一阶段选址决策和设施中断的不确定性被固定时，$h(\boldsymbol{x},\boldsymbol{\xi})$ 代表其对应的第二阶段的运输成本。在第二阶段，我们保证在随机变量 ξ 的分布服从不确定集合中的最差情况时，所对应的运输成本不致过差。$h(\boldsymbol{x},\boldsymbol{\xi})$ 的具体表达形式如下：

$$h(\boldsymbol{x},\boldsymbol{\xi})=\min_{\boldsymbol{y}\in\{0,1\}}\sum_i\sum_j d_ic_{ij}y_{ij}\tag{4-2a}$$

$$\text{s.t.}\sum_j y_{ij}=1,\forall i\in\mathcal{I}\tag{4-2b}$$

$$0\leqslant y_{ij}\leqslant x_j\xi_j,\forall i\in\mathcal{I},\forall j\in\mathcal{J}\tag{4-2c}$$

其中，等式 (4-2b) 保证需求点 i 会被分配给一个已经建立的设施。约束 (4-2c) 代表需求点只能分配给已被建立且未中断的设施。由于 $h(\boldsymbol{x},\boldsymbol{\xi})$ 的特殊性，我们可以通过分析该问题的对偶问题和其凸包（convex hull）来降低约束和变量的个数。$h(\boldsymbol{x},\boldsymbol{\xi})$ 的对偶问题可以写成 $h'(\boldsymbol{x},\boldsymbol{\xi})$，见模型 (4-3)。

$$h'(\boldsymbol{x},\boldsymbol{\xi}) = \max \ \sum_{i=1}^{I} d_i \sum_{j=1}^{J} [\rho_i + v_{ij} x_j \xi_j] \tag{4-3a}$$

$$\text{s.t.} \ \ \rho_i + v_{ij} \leqslant c_{ij}, \forall i \in \mathcal{I}, j \in \mathcal{J} \tag{4-3b}$$

$$v_{ij} \leqslant 0, \forall i \in \mathcal{I}, j \in \mathcal{J} \tag{4-3c}$$

$$\rho_i \in \mathbb{R}, \forall i \in \mathcal{I} \tag{4-3d}$$

由于 $h(\boldsymbol{x},\boldsymbol{\xi})$ 的系数矩阵为全幺模矩阵（totally unimodular，TU），对偶问题 (4-3) 的目标函数与原问题 (4-2) 一致。对偶问题 (4-3) 可以拆分成 I 个子问题，各个子问题用符号 Q_i 表示，即 $h'(\boldsymbol{x},\boldsymbol{\xi}) = \sum\limits_{i=1}^{I} d_i Q_i$，$Q_i = \max \left\{ \sum\limits_{j=1}^{J} v_j x_j \xi_j + \rho \ \middle| \ \begin{array}{l} \rho + v_j \leqslant c_{ij}, \forall j \in \mathcal{J} \\ v_j \leqslant 0, \forall j \in \mathcal{J}, \rho \in \mathbb{R}. \end{array} \right\}$。通过下面的命题，我们可以利用枚举极值点的方式简化模型 Q_i。

命题 4.1　存在一个序号 $j^* \in \mathcal{J}$，使 $\rho = c_{ij^*}$，$v_j = \min\{0, c_{ij} - c_{ij^*}\}$ 是模型 Q_i 是最优解。

证明　由于模型 Q_i 具有 $J+1$ 个变量和 $2J$ 个约束，至少 $J+1$ 个约束为紧约束，也就是说，至少有一个 $v_j \leqslant 0$ 是紧约束，即 $v_j = 0$。在此条件下，模型 Q_i 有 J 个极值点：$\rho = c_{ij^*}, v_j = \min\{0, c_{ij} - c_{ij^*}\}, \forall j^* \in \mathcal{J}$。在线性规划问题中，最优解将会在凸包的极值点处取到。通过枚举所有的 J 个极值点，我们可以获得该问题的最优解，命题得证。 □

根据命题 4.1，我们可以得到 $h(\boldsymbol{x},\boldsymbol{\xi})$ 的一个等效表达形式：

$$h'(\boldsymbol{x},\boldsymbol{\xi}) = \min \ \sum_{i=1}^{I} d_i Q_i \tag{4-4a}$$

$$\text{s.t.} \ Q_i \geqslant c_{ij^*} + \sum_{j=1}^{J} \min\{c_{ij} - c_{ij^*}, 0\} x_j \xi_j, \forall i \in \mathcal{I}, j^* \in \mathcal{J} \tag{4-4b}$$

$$Q_i \in \mathbb{R}, \forall i \in \mathcal{I} \tag{4-4c}$$

模型 (4-2) 有 $I \times J$ 个决策变量和 $I + I \times J$ 个约束，而模型 (4-4) 只有 I 个决策变量和 $I \times J$ 个约束。

在供应链风险管理的相关论文中，与设施中断相关的研究屡见不鲜。由于气候、自然灾害、人为灾害等因素，设施中断的现象时有发生，研究人员需要充分利用有限的历史数据，对可能发生的情况进行预估，从而提高系统应对风险的能力。基于 Wasserstein 模糊集的分布式鲁棒优化方法假设随机变量的真实分布在以实证（历史）分布为中心的椭球集内。首先，我们在分布 $\mathbb{P}$ 和 $\hat{\mathbb{P}}_N \in \Omega$ 的概率空间 $\mathcal{M}(\Omega)$ 上定义两个分布之间的 Wasserstein 距离。在本章中，考虑真实需求 $\mathbb{P}$ 和由历史数据决定的实证分布 $\hat{\mathbb{P}}_N$ 之间的距离。分布 $\mathbb{P}$ 和 $\hat{\mathbb{P}}_N$ 之间的 Wasserstein 距离为

$$d_W(\mathbb{P}, \hat{\mathbb{P}}_N) = \inf\left\{\int_{\Omega^2} ||\xi_1 - \xi_2||\Pi(\mathrm{d}\xi_1, \mathrm{d}\xi_2)\right\} \tag{4-5}$$

其中，$||\cdot||$ 是 L^1 范数，Π 是随机变量 ξ_1 和 ξ_2 的联合概率分布，且 ξ_1 和 ξ_2 的边缘分布分别为 $\mathbb{P}$ 和 $\hat{\mathbb{P}}_N$ [141]。在此基础上，我们定义 Wasserstein 模糊集 $\mathcal{D}(\hat{\mathbb{P}}_N, \epsilon)$ 为

$$\mathcal{D}(\hat{\mathbb{P}}_N, \epsilon) := \{\mathbb{P} : d_W(\mathbb{P}, \hat{\mathbb{P}}_N) \leqslant \epsilon\} \tag{4-6}$$

该集合等价于一个以实证分布 $\hat{\mathbb{P}}_N$ 为中心，以 ϵ 为半径的椭球集。基于 Wasserstein 不确定集的鲁棒优化模型是数据驱动的研究方法，已有研究表明[26]，该方法具有渐进一致性，即当实证数据量 $N \to \infty$ 时，最佳分布式鲁棒模糊集中仅包含实证分布，其最优解会收敛至基于场景的随机规划问题。

由于多重积分的计算十分复杂，模型 (4-1) 的最坏均值 $\max\limits_{\mathbb{P}\in\mathcal{D}(\hat{\mathbb{P}}_N,\epsilon)} \mathbb{E}_P\left[h(\boldsymbol{x}, \boldsymbol{\xi})\right]$ 难以求解，我们可以通过 Esfahani 和 Kuhn 论文[26]中的定理 4.2 来简化模型。

命题 4.2　问题(4-1)等价于

$$\inf_{\lambda \geqslant 0} \boldsymbol{f}^{\mathrm{T}}\boldsymbol{x} + \epsilon\lambda + \frac{1}{N}\sum_{n=1}^{N} \sup_{\boldsymbol{\xi}\in\Omega}\left\{h(\boldsymbol{x}, \boldsymbol{\xi}) - \lambda||\boldsymbol{\xi} - \hat{\boldsymbol{\xi}}^n||\right\} \tag{4-7}$$

证明　最坏情况分布 (4-1) 可以被改写为

$$\max_{\mathbb{P}\in\mathcal{D}(\hat{\mathbb{P}}_N,\epsilon)} \quad \mathbb{E}_P\left[h(\boldsymbol{x},\boldsymbol{\xi})\right]=\sup_{\Pi,\mathbb{P}}\int_{\Omega}h(\boldsymbol{x},\boldsymbol{\xi})\mathbb{P}(\mathrm{d}\boldsymbol{\xi}) \tag{4-8a}$$

$$\text{s.t.}\ \int_{\Omega\times\hat{\Omega}}||\boldsymbol{\xi}-\hat{\boldsymbol{\xi}}||\Pi(\mathrm{d}\boldsymbol{\xi},\mathrm{d}\hat{\boldsymbol{\xi}})\leqslant\epsilon \tag{4-8b}$$

其中，Π 是随机变量 $\boldsymbol{\xi}$ 和 $\hat{\boldsymbol{\xi}}$ 的联合概率分布，且两个随机变量的边缘分布分别为 $\mathbb{P}$ 和 $\hat{\mathbb{P}}_N$。假设 $\mathbb{P}_n$ 是当 $\hat{\boldsymbol{\xi}}=\hat{\boldsymbol{\xi}}^n$ 时随机变量 $\boldsymbol{\xi}$ 的条件分布，通过大数定律，模型 (4-8) 可以被改写为

$$\max_{\mathbb{P}\in\mathcal{D}(\hat{\mathbb{P}}_N,\epsilon)} \quad \mathbb{E}_P\left[h(\boldsymbol{x},\boldsymbol{\xi})\right]=\sup_{\mathbb{P}_n\in\mathcal{M}(\Omega)}\frac{1}{N}\sum_{n=1}^{N}\int_{\Omega}h(\boldsymbol{x},\boldsymbol{\xi})\mathbb{P}_n(\mathrm{d}\boldsymbol{\xi}) \tag{4-9a}$$

$$\text{s.t.}\ \frac{1}{N}\sum_{n=1}^{N}\int_{\Omega}||\boldsymbol{\xi}-\hat{\boldsymbol{\xi}}^n||\mathbb{P}_n(\mathrm{d}\boldsymbol{\xi})\leqslant\epsilon \tag{4-9b}$$

对问题 (4-9) 求对偶，可得

$$\begin{aligned}
&\max_{\mathbb{P}\in\mathcal{D}(\hat{\mathbb{P}}_N,\epsilon)} \quad \mathbb{E}_P\left[h(\boldsymbol{x},\boldsymbol{\xi})\right]\\
=&\sup_{\mathbb{P}_n\in\mathcal{M}(\Omega)}\inf_{\lambda\geqslant0}\frac{1}{N}\sum_{i=1}^{N}h(\boldsymbol{x},\boldsymbol{\xi})\mathbb{P}_n(\mathrm{d}\boldsymbol{\xi})+\\
&\lambda\left(\epsilon-\sum_{n=1}^{N}\int_{\Omega}||\boldsymbol{\xi}-\hat{\boldsymbol{\xi}}^n||\mathbb{P}_n(\mathrm{d}\boldsymbol{\xi})\right) &\text{(4-10a)}\\
=&\inf_{\lambda\geqslant0}\sup_{\mathbb{P}_n\in\mathcal{M}(\Omega)}\lambda\epsilon+\frac{1}{N}\int_{\Omega}\Big(h(\boldsymbol{x},\boldsymbol{\xi})-\lambda||\boldsymbol{\xi}-\hat{\boldsymbol{\xi}}^n||\Big)\mathbb{P}_n(\mathrm{d}\boldsymbol{\xi}) &\text{(4-10b)}\\
=&\inf_{\lambda\geqslant0}\lambda\epsilon+\frac{1}{N}\sup_{\boldsymbol{\xi}\in\Omega}\Big(h(\boldsymbol{x},\boldsymbol{\xi})-\lambda||\boldsymbol{\xi}-\hat{\boldsymbol{\xi}}^n||\Big) &\text{(4-10c)}
\end{aligned}$$

由 Minimax 定理，等式 (4-10b) 成立。因为 $\mathcal{M}(\Omega)$ 包含定义在 Ω 上的所有的狄拉克分布形式，等式 (4-10c) 成立。□

4.2 问题重构

本节通过分析模型 (4-7) 的一系列理论性质进行等价转化。模型 (4-7) 能够被分解算法求解，假设其内部最大化问题能够根据实证数据

$\hat{\boldsymbol{\xi}}^n$ 分解为 N 个子问题，则将其分别定义为如下所示的 SP^n。

$$(\mathrm{SP}^n) \quad \phi^n(\boldsymbol{x},\lambda) = \max_{\boldsymbol{\xi}\in\Omega}\left\{h(\boldsymbol{x},\boldsymbol{\xi}) - \lambda||\boldsymbol{\xi} - \hat{\boldsymbol{\xi}}^n||\right\} \tag{4-11}$$

SP^n 是一个 max-min 问题，难于直接求解。其中，最大化代表最坏的中断场景 $\boldsymbol{\xi}$，最小化问题需要找到使运输成本最小的解 ($\boldsymbol{y}$)。为了简化模型，我们提出一种新的重构方法。

定义集合 $\mathcal{K}_n = \{j \in J : x_j = \hat{\xi}_j^n = 1\}, \mathcal{K}'_n = \{j \in J : x_j = \xi_j^n = 1\}$，集合 $\mathcal{K}_n$ 的元素个数为 K_n 个，即 $K_n = |\mathcal{K}_n|$。根据模型的物理意义，可知最优解服从如下定理：

定理 4.1　当 n 确定时，模型 (4-11) 的最坏中断场景 ξ_j^* 具有下列性质。

（a） 如果 $j \notin \mathcal{K}_n$，则 $\xi_j^* = \hat{\xi}_j^n$；

（b） 如果 $j \in \mathcal{K}_n$，ξ_j^* 等于 0 或者 1。

证明　在证明时，我们从实证数据 $\hat{\xi}_j^n$ 出发获取 ξ_j^* 的值。最初，令 $\mathcal{K}_n = \mathcal{K}'_n$，$\boldsymbol{\xi} = \hat{\boldsymbol{\xi}}^n$。

（a）对于那些不在集合 $\mathcal{K}_n$ 内的点 j 来说（$j \notin \mathcal{K}_n$），若使决策变量 ξ_j 偏离 $\hat{\xi}_j^n$，目标函数中的惩罚项（第二项）会增加，使其最优值减小；且第一项运输成本的大小仅与 ξ_j，$j \in \mathcal{K}_n$ 有关，与集合外的设施无关。因而，保持 $\xi_j = \hat{\xi}_j^n$，$j \notin \mathcal{K}_n$ 能保证最优解更大。

（b）若起初 $\boldsymbol{\xi} = \hat{\boldsymbol{\xi}}^n$，使第一项 $h(\boldsymbol{x},\boldsymbol{\xi})$ 变大的唯一途径是降低可用设施的数量，即令在集合 $\mathcal{K}_n$ 中的设施点中断。在此前提下，即使第二项惩罚因素都增大，目标函数仍有变大的可能。□

由于决策变量为 0-1 变量，即 $\xi \in \Omega \subset \{0,1\}^J$，模型 SP^n 依旧难以求解。因此，我们在 4.2.1节中对模型 SP^n 进行重构。

4.2.1　SP^n 的重构模型

对于所有的需求点 $i \in \mathcal{I}$ 来说，定义排序函数 $\pi_i^n : \mathcal{K}_n \to \mathcal{K}_n$，使 $c_{i,\pi_i^n(k)} \leqslant c_{i,\pi_i^n(k)+1}$，$\forall k \in \mathcal{K}_n$，$\pi_i^n(k) \leqslant K_n - 1$，同时定义集合 $J_i^n(j) = \{k \in \mathcal{K}_n : c_{ik} < c_{ij}\} \cup \{k \in \mathcal{K}_n : c_{ik} = c_{ij} \& k < j\}$。对于一个固定的需求点 i 而言，集合 $J_i^n(j)$ 包含了所有比点 j 距点 i 更近的设施，当设施 k 和设施 j 与需求点 i 的距离相等时，若 $k < j$，则点 k 也在集合 $\mathcal{K}_n$ 内，

否则令 k 在集合 $\mathcal{K}_n$ 外。也就是说，点 k 是距离需求点 i 第 $\pi_i^n(k)$ 近的设施。

定义 0-1 变量 $z_{ik} \in \{0,1\}$，$i \in \mathcal{I}$，$k \in J_i^n(k)$，若 $z_{ik}=1$，则代表需求点 i 会被设施 k 服务。根据第二阶段模型 $h(\boldsymbol{x},\boldsymbol{\xi})$ 的最优条件，为了找到使总运输成本最小的分配方案，若需求点 i 由设施 k 服务（$z_{ik}=1$），则比点 k 距离需求点 i 更近的设施一定已被中断，即 $\xi_j=0$，$\forall j \in J_i^n(k)$。据此，我们可以加入一个新的约束 $\xi_k + z_{ij} \leqslant 1, \forall i \in \mathcal{I}, \forall j \in \mathcal{K}_n, \forall k \in J_i^n(j)$。加入新约束的模型 (SP^n) 被重构为

$$\max_{\xi, z_{ik}} \sum_{i=1}^{I}\sum_{k=1}^{K_n} d_i c_{ik} z_{ik} - \lambda \sum_{j=1}^{K_n}(1-\xi_j) \tag{4-12a}$$

$$\text{s.t.} \sum_{k=1}^{K_n} z_{ik} = 1, \forall i \in \mathcal{I} \tag{4-12b}$$

$$\xi_k + z_{ij} \leqslant 1, \forall i \in \mathcal{I}, \forall j \in \mathcal{K}_n, \forall k \in J_i^n(j) \tag{4-12c}$$

$$\xi_j \in \{0,1\}, \forall j \in \mathcal{J} \tag{4-12d}$$

$$z_{ik} \in \{0,1\}, \forall i \in \mathcal{I}, \forall k \in \mathcal{K}_n \tag{4-12e}$$

目标函数 (4-12a) 中的第一项和约束 (4-12b)～ 约束 (4-12e) 与 $h(\boldsymbol{x},\boldsymbol{\xi})$ 的最优解一致，并在命题 4.2中被证明。根据最坏中断场景的最优条件，惩罚因子只存在于集合 $\mathcal{K}_n$ 之外的点。由定理 4.1可知，第二项惩罚成本 $\lambda\|\boldsymbol{\xi}-\hat{\boldsymbol{\xi}}\|$ 可等价于 $\lambda \sum\limits_{j=1}^{K_n}(1-\xi_j)$。

定理 4.2　令

$$g(\boldsymbol{x},\boldsymbol{\xi}) = \max \sum_{i=1}^{I}\sum_{k=1}^{K_n} d_i c_{ij} z_{ik} \tag{4-13}$$

$$\text{s.t. 式 (4-12b)～ 式 (4-12e)}$$

则由 (4-2) 定义的 $h(\boldsymbol{x},\boldsymbol{\xi})$ 和 $g(\boldsymbol{x},\boldsymbol{\xi})$ 具有相同的最优解。

证明　$h(\boldsymbol{x},\boldsymbol{\xi})$ 为一个最小化问题，而 $g(\boldsymbol{x},\boldsymbol{\xi})$ 是最大化问题，需要根据二者的最优条件判断解的性质。根据定义，在给定设施选址和中断场景时，$h(\boldsymbol{x},\boldsymbol{\xi})$ 决定了最优的分配策略。为了使运输成本最小，需求

点 i 将由距其最近、未中断且已有设施建立的点 j 服务，即 $h(\boldsymbol{x},\boldsymbol{\xi})=\sum_{i=1}^{I}d_i\min_{j\in\mathcal{J}}\{c_{ij}|x_j=\xi_j=1\}$。

对于 $g(\boldsymbol{x},\boldsymbol{\xi})$ 而言，当需求点 i 固定时，定义集合 $\mathcal{X}=\{j\in\mathcal{J}:x_j=1\}$ 和集合 $\mathcal{L}_i(j)=\{k\in\mathcal{X}:c_{ik}>c_{ij}\}\cup\{k\in\mathcal{X}:c_{ik}=c_{ij}\&k>j\}$，其中 $\mathcal{L}_i(j)$ 为集合 $\mathcal{K}_i(j)$ 的补集，代表距离需求 i 比设施 j 更远的点集（在距离相等时，选择序号更大的点）。当 $\xi=0$ 时，约束 (4-12c) 等价于 $z_{ik}\leqslant 1$，显然成立；因而，只有在 $\xi_j=1$ 时，约束 (4-12c) 才不冗余。约束 (4-12c) 的最优条件用数学符号可以表示为：若 $\xi_j=1$，则 $z_{ik}=0,\forall k\in\mathcal{L}_i(j)$；若 $\xi_j=0$，则 z_{ik}，$\forall k\in\mathcal{L}_i(j)$，可以为 0 或者 1。因此，只考虑约束 (4-12c) 不冗余的情况，即 $\xi_j=1$ 的情况。

在定义 $\mathcal{L}_i(j)$ 后，约束 (4-12c) 可以等价为

$$\xi_j+z_{ik}\leqslant 1,\forall i\in\mathcal{I},\forall j\in\mathcal{K},\forall k\in\mathcal{L}_i(j) \tag{4-14}$$

假设设施 j° 是距需求点 i 最近的已被建立且未中断的点，$j^{\circ}=\arg\min_{j\in\mathcal{J}}\{c_{ij}:x_j=\xi_j=1\}$。根据 j° 的定义，对于任意可用设施 $j\in\{l\in\mathcal{J}:x_l=\xi_l=1\}$，点 j 与需求 i 的距离均比设施 j° 远，则集合 $\mathcal{L}_i(j)$ 为集合 $\mathcal{L}_i(j^{\circ})$ 的子集。又因为对所有的可用设施 $\xi_j=\xi_{j^{\circ}}=1$，j° 对应的约束 (4-14) 包含了其他 j 对应的约束 (4-14)。用数学语言描述为，约束 $\xi_j^{\circ}+z_{ik}\leqslant 1,\forall i\in\mathcal{I},\forall k\in\mathcal{L}_i(j^{\circ})$ 包含了约束 $\xi_j+z_{ik}\leqslant 1,\forall i\in\mathcal{I},\forall k\in\mathcal{L}_i(j),\forall j\neq j^{\circ}$。

下面我们仅仅考虑 $\xi_{j^{\circ}}+z_{ik}\leqslant 1,\forall i\in\mathcal{I},\forall k\in\mathcal{L}_i(j^{\circ})$ 这一约束。对于一个固定的需求点 i 来说，满足该约束和约束 (4-12b) 的可行解可被描述为：存在一个 $k\in\mathcal{J}\setminus L_i(j^{\circ})$，令 $z_{ik}=1$，其他 $z_{ij}=0,j\neq j$。这个解的物理意义是：若 $\xi_{j^{\circ}}=1$，则所有距离比点 j° 更远的设施都不会被分配给需求点 i，那么只可能选择点 j° 或者比它更近的点来服务该需求。在所有的可行解中，为了使目标函数最大，我们应该让 $z_{ij^{\circ}}=1$，因为 $c_{ij^{\circ}}\geqslant c_{ik},\forall k\in\mathcal{J}\setminus\mathcal{L}_i(j^{\circ})$，也就是说，需求点 i 在模型 $g(\boldsymbol{x},\boldsymbol{\xi})$ 中也会被分配给设施 j°。因而，$g(\boldsymbol{x},\boldsymbol{\xi})$ 的目标函数也是 $\sum_{i=1}^{I}d_ic_{ij^{\circ}}$。结合 j° 的定义，$g(\boldsymbol{x},\boldsymbol{\xi})$ 与 $h(\boldsymbol{x},\boldsymbol{\xi})$ 的目标函数和分配方案相同，定理得证。 □

在定义 $\mathcal{K}_n$ 之后，我们可以利用 SP^n 的超模性（supermodularity），在多项式时间内求解该子问题。Fujishige 指出，最小化一个次模（submodular）函数的时间复杂度是 $O(n^7\gamma+n^8)$[142]，本节所用的模型是最大化一个超模函数，与上述时间复杂度相同。我们在引理 4.1中证明了上述性质。为了更好地进行阐述，超模函数的一般定义为：若对于任意的 S 和 $T\subseteq\mathcal{J}$，$j\in\mathcal{J}\setminus T$，有 $g(S\cup\{j\})-g(S)\leqslant g(T\cup\{j\})-g(T)$，则 $g:2^J\to\mathbb{R}$ 为超模（supermodular）函数。

引理 4.1 对于给定的 $\boldsymbol{x}\in\{0,1\}^J$ 和 $\lambda\geqslant 0$，$h(\boldsymbol{x},\boldsymbol{\xi})-\lambda||\boldsymbol{\xi}-\hat{\boldsymbol{\xi}}^n||_p$ 是关于变量 $\boldsymbol{\xi}$ 的超模函数。SP^n 在多项式时间内可解。

证明 与 Lu 等人[28] 的引理 1 相似，$h(\boldsymbol{x},\boldsymbol{\xi})$ 是关于 $\boldsymbol{\xi}$ 的超模函数。下面证明第二项 $||\boldsymbol{\xi}-\hat{\boldsymbol{\xi}}||_p$ 为次模函数。为使符号更为简便，我们定义在线设施的集合表达形式和向量表达形式，分别为 $\mathcal{S}(\boldsymbol{\xi})=\{j\in\mathcal{J}:\xi_j=1\}$、$\boldsymbol{\xi}(\mathcal{S})=(I(1\in\mathcal{S}),\cdots,I(J\in\mathcal{S}))$，其中 $I(\cdot)$ 是指示函数（indicator function）。在目标函数 (4-12) 中，只有在集合 $\mathcal{K}_n$ 的设施点才被纳入优化范畴，所以，在证明时，我们仅考虑子集 $\mathcal{K}_n$。定义集合 $\mathcal{S}\subseteq\mathcal{T}\subset\mathcal{K}_n$，元素 $j\in\mathcal{K}_n\setminus\mathcal{T}$，函数 $l(\boldsymbol{\xi})=||\boldsymbol{\xi}-\hat{\boldsymbol{\xi}}^n||_p$，$l_{\mathcal{S}}=l(\mathcal{S}\cup\{j\})-l(\mathcal{S})$ 和 $l_{\mathcal{T}}=l(\mathcal{T}\cup\{j\})-l(\mathcal{T})$，集合 $\mathcal{S}$ 和 $\mathcal{T}$ 的模分别为 S 和 T。根据定理 4.1，

$$l(\boldsymbol{\xi})=\left[\sum_{j\in\mathcal{K}_n}(1-\xi_j)\right]^{1/p}=J-S$$

由范数（norm）的性质，求和符号内 $(\hat{\xi}_j^n-\xi_j)$ 总为 1 或 0，其 p 次方与 1 次方相等，第一个等式成立；由于对于所有的 $j\in\mathcal{K}_n$，$\hat{\xi}^n$ 总是为 1，当且仅当 $\xi_j=0$ 时，$\hat{\boldsymbol{\xi}}^n$ 与 $\boldsymbol{\xi}$ 才会产生区别，即等于二者的模之差。因此，

$$\begin{aligned}l_{\mathcal{S}}-l_{\mathcal{T}}&=\sqrt[p]{J-(S+1)}-\sqrt[p]{J-S}-\sqrt[p]{J-(T+1)}+\sqrt[p]{J-T}\\&=\left(\sqrt[p]{J-1-S}-\sqrt[p]{J-1-T}\right)-\left(\sqrt[p]{J-S}-\sqrt[p]{J-T}\right)\end{aligned}$$

由于根函数的凹性（concavity），$l_{\mathcal{S}}-l_{\mathcal{T}}\geqslant 0$。由此可知，$l(\boldsymbol{\xi})$ 是次模函数，$h(\boldsymbol{x},\boldsymbol{\xi})-\lambda||\boldsymbol{\xi}-\hat{\boldsymbol{\xi}}^n||_p$ 是关于 $\boldsymbol{\xi}$ 的超模函数。

此外，已有研究表明，最小化次模函数可以在多项式时间内获得最优解 [142-143]，因而在最大化超模函数 SP^n 时，同样可以在多项式时间内得到模型的最优解。 □

在模型重构之后，我们可以通过如下命题 4.3找到模型 (4-12) 的一个有效不等式。

命题 4.3　不等式

$$\xi_j \leqslant z_{ij} + \sum_{l \in J_i^n(j)} z_{il}, \forall i \in \mathcal{I}, j \in \mathcal{K}_n \tag{4-15}$$

比约束 (4-12c) 紧，是模型 (4-12) 的有效不等式。

证明　定义集合 $L_i^n(j) = \{k \in \mathcal{K}_n : \pi_i^n(k) > \pi_i^n(j)\}$，将等式 (4-12b) 代入不等式 (4-12c)，不等式 (4-12c) 等价于

$$\xi_j \leqslant 1 - z_{ik} = \sum_{l=1, l \neq k}^{K_n} z_{il}, \forall i \in \mathcal{I}, j \in \mathcal{K}_n, \forall k \in L_i^n(j) \tag{4-16}$$

当 i 和 j 固定时，不等式 (4-16) 有 $L = |L_i^n(j)|$ 个。将此 L 个不等式以相同权重求和，可得

$$L\xi_j \leqslant L\left[\sum_{l \in J_i^n(j)} z_{il} + z_{ij}\right] + (L-1) \sum_{k \in L_i^n(j)} z_{ik} \tag{4-17}$$

当 $L \geqslant 1$ 时，在不等式 (4-17) 两边同时除以 L 可以得到，$\xi_j \leqslant \sum_{l \in J_i^n(j)} z_{il} + z_{ij} + \frac{L-1}{L} \sum_{k \in L_i^n(j)} z_{ik}$，又因为 $\xi_j, z_{ij} \geqslant 0$，Chvátal-Gomory 切 [144-145] 是原约束的有效不等式，对左右两边向下元整可得约束 (4-15)。当 $L = 0$ 时，即 $j = 1$（对应虚构设施），约束 (4-15) 等价于 $\xi_1 \leqslant \sum_{k=1}^{K_n} z_{ik} = 1$，显然成立。命题得证。 □

4.2.2　全幺模矩阵

在 4.2.1 节中，我们已经证明 SP^n 在多项式时间内可解，是一个不错的结果。在本节中我们将从理论上继续优化这一结果，通过找到模型 SP^n 的凸包（convex hull）、将原整数规划问题转化为线性规划问题，来进一步提高求解效率。该结论在定理 4.3被证明。为了使证明更加简洁，我们首先在引理 4.2中介绍全幺模矩阵（totally unimodular matrix，TUM）的几个特殊性质，并在引理 4.3中介绍判断矩阵为全幺模矩阵的充分条件。

引理 4.2　若矩阵 $\boldsymbol{A}$ 为全幺模矩阵，则

- 矩阵 $\boldsymbol{A}$ 的所有方形线性无关子矩阵的行列式（determinant）为 0，1 或者 -1。

- 矩阵 $\boldsymbol{A}$ 的转置 $\boldsymbol{A}^{\mathrm{T}}$ 为全幺模矩阵
- 矩阵 $\boldsymbol{A}$ 与对角均为 1 的矩阵 $\boldsymbol{I}$ 的组合 $(\boldsymbol{A},\boldsymbol{I})$ 仍为全幺模矩阵

证明 参考 Wolsey[146] 著作中的 3.2 节。 □

引理 4.3 矩阵 $\boldsymbol{A}$ 为全幺模矩阵的一个充分条件为

（1）矩阵 $\boldsymbol{A}$ 中的所有元素 a_{ij} 为 0，1 或者 -1。

（2）矩阵 $\boldsymbol{A}$ 的每一列中至多有两个非零元素。

（3）存在对矩阵 $\boldsymbol{A}$ 行数的一个划分（A_1, A_2），使对任意一列 j 存在两个非零元素 $\sum\limits_{i\in A_1} a_{ij} - \sum\limits_{i\in A_2} a_{ij} = 0$

证明 参考 Wolsey[146] 著作中的 3.2 节。 □

在了解了 TU 矩阵的基本定义和特点之后，我们继续证明 SP^n 重构模型的参数矩阵为全幺模矩阵，详见定理 4.3。

定理 4.3 对于固定的 n，下列不等式 ((4-18a)~(4-18d)) 组成的系数矩阵为全幺模矩阵。

$$\sum_{j=1}^{K_n} z_{ij} = 1, \forall i \in \mathcal{I} \tag{4-18a}$$

$$\xi_j \leqslant z_{ij} + \sum_{k\in J_i^n(j)} z_{ik}, \forall i \in \mathcal{I}, \forall j \in \mathcal{K}_n \tag{4-18b}$$

$$0 \leqslant \xi_j \leqslant 1, \forall j \in \mathcal{K}_n \tag{4-18c}$$

$$0 \leqslant z_{ij} \leqslant 1, \forall i \in \mathcal{I}, \forall j \in \mathcal{K}_n \tag{4-18d}$$

证明 为使符号简化，在证明中省去序号 n。定义随机变量 $\alpha_{ij} = z_{ij} + \sum\limits_{j\in \mathcal{J}_i(j)} z_{ik}$，约束 (4-18b) 可以被改写为

$$\xi_j \leqslant \alpha_{ij}, \forall i \in \mathcal{I}, \forall j \in \mathcal{K} \tag{4-19}$$

由于设施点 1 为虚拟设施，距离所有需求点最远，可知 $J_i(1) = \mathcal{J} \setminus \{1\}$，$\alpha_{i1} = z_{i1} + \sum\limits_{k\in J_i(1)} z_{ik} = \sum\limits_{k\in \mathcal{K}} z_{ik}, \forall i \in \mathcal{I}$。因此，等式 (4-18a) 等价于

$$\alpha_{i1} = 1, \forall i \in \mathcal{I} \tag{4-20}$$

又因为 $\alpha_{ij} = z_{ij} + \sum\limits_{j\in J_i(j)} z_{ik} \leqslant \sum\limits_{k\in \mathcal{K}} z_{ij} = 1$，新变量 α_{ij} 的上界应为 1，与约束 (4-18d) 的定义一致。此外，由于变量 α_{ij} 为一系列 z_{ik} 的和，具有

单调性，存在如下大小关系：

$$\alpha_{ij} \leqslant \alpha_{ik}, \forall i \in \mathcal{I}, \forall j \in \mathcal{K} \setminus \{1\}, \pi_i(j) + 1 = \pi_i(k) \tag{4-21}$$

此约束的物理意义是：在不等式 (4-18b) 中，距离需求点 i 第 $\pi_i(k)$ 近的设施一定比第 $\pi_i(k)+1$ 近的设施对应更小的右端值，即 α 值。由于虚拟设施 1 是距离所有需求点最远的设施，α_1 总是最大。综上所述，约束 (4-18a)~ 约束 (4-18d) 应当等价于：

$$\xi_j \leqslant \alpha_{ij}, \forall i \in \mathcal{I}, \forall j \in \mathcal{K} \tag{4-22a}$$

$$\alpha_{i1} = 1, \forall i \in \mathcal{I} \tag{4-22b}$$

$$\alpha_{ij} \leqslant \alpha_{ik}, \forall i \in \mathcal{I}, \forall j \in \mathcal{K} \setminus \{1\}, \pi_i(j) + 1 = \pi_i(k) \tag{4-22c}$$

$$0 \leqslant \xi_j \leqslant 1, \forall j \in \mathcal{K} \tag{4-22d}$$

$$0 \leqslant \alpha_{ij} \leqslant 1, \forall i \in \mathcal{I}, \forall j \in \mathcal{K} \tag{4-22e}$$

因而，本定理等价于证明约束 (4-22a)~ 约束 (4-22e) 的系数矩阵为全幺模矩阵。在证明时，首先证明约束 (4-22a) 和约束 (4-22c) 对应的系数矩阵 $\boldsymbol{B}$ 为 TUM，证明方式与引理 4.3的三个充分条件一一对应：

（1）约束 (4-22a)~ 约束 (4-22e) 的系数非 0，即 ± 1。

（2）矩阵 $\boldsymbol{B}$ 的每一行仅有两个非零元素，即转置矩阵 $\boldsymbol{B}^{\mathrm{T}}$ 的每一列只有两个非零元素。

（3）对于每个约束 (4-22a) 和约束 (4-22c) 来说，仅有两个元素的系数非零，且分别为 1 和 -1。可以按列划分为空集 $\varnothing$ 和全集 $\mathcal{W}$ 的组合，对于任意一行 i（一个约束）而言，存在两个非零元素 $\sum\limits_{j\in\mathcal{W}} b_{ij} - \sum\limits_{j\in\varnothing} b_{ij} = 0$

因此，系数矩阵 $\boldsymbol{B}^{\mathrm{T}}$ 为全幺模矩阵。对于剩下的三个约束而言，若约束 (4-22b) 中的 $\alpha_{i1} = 1$ 成立，则约束 (4-22e) 中的 $\alpha_{i1} \leqslant 1$ 一定成立，后者冗余，仅保留前者。因而，剩余三个约束的系数组成一个对角矩阵 $\boldsymbol{I}$。

由引理 4.2中描述的全幺模矩阵特点可知，矩阵 $\boldsymbol{C} = (\boldsymbol{B}^{\mathrm{T}}, \boldsymbol{I})$ 也为 TU，且矩阵 $\boldsymbol{C}^{\mathrm{T}}$ 恰为约束 (4-22a)~ 约束 (4-22e) 对应的系数矩阵，定理得证。

□

为了更加清晰地阐释理论细节，我们将结合例 4.1进行具体说明。

例 4.1 为了简化符号，我们忽略模型 SP^n 的编号 n，若 $\mathcal{K}=\{1,2,3,4,5\}$, $\mathcal{I}=\{1,2\}$，距离矩阵 $(\boldsymbol{c}_{ij})$ 等于

$$c=\begin{bmatrix}\infty & 2.8 & 1.2 & 0.9 & 4.1\\ \infty & 1.2 & 0.5 & 2 & 0.3\end{bmatrix}$$

由于设施 j 是距离需求点 i 第 $\pi_i(j)$ 近的可选点，经过排序后的系数矩阵 j 为

j	$i=1$	$i=2$
$\pi_i(j)=1$	4	5
$\pi_i(j)=2$	3	3
$\pi_i(j)=3$	2	2
$\pi_i(j)=4$	5	4
$\pi_i(j)=5$	1	1

其中第一列的 $\pi_i(j)$ 表示排序之后的序号；第一行的 i 表示需求点的序号；表格中的点代表设施 j 的序号。定义变量 α 等于约束 (4-18b) 的右端项，如下所示：

$$\begin{aligned}
&\alpha_{14}=z_{14}, && \alpha_{25}=z_{25},\\
&\alpha_{13}=z_{14}+z_{13}\ , && \alpha_{23}=z_{25}+z_{23},\\
&\alpha_{12}=z_{14}+z_{13}+z_{12}, && \alpha_{22}=z_{25}+z_{23}+z_{22},\\
&\alpha_{15}=z_{14}+z_{13}+z_{12}+z_{15}, && \alpha_{24}=z_{25}+z_{23}+z_{22}+z_{24},\\
&\alpha_{11}=z_{14}+z_{13}+z_{12}+z_{15}+z_{11}, && \alpha_{21}=z_{25}+z_{23}+z_{22}+z_{24}+z_{21}
\end{aligned}$$

将 α_{ij} 代入约束 (4-18b) 可得约束 (4-22a)，

$$\begin{aligned}
&\xi_4\leqslant\alpha_{14}, \quad \xi_3\leqslant\alpha_{13}, \quad \xi_2\leqslant\alpha_{12}, \quad \xi_5\leqslant\alpha_{15}, \quad \xi_1\leqslant\alpha_{11},\\
&\xi_5\leqslant\alpha_{25}, \quad \xi_3\leqslant\alpha_{23}\ , \quad \xi_2\leqslant\alpha_{22}, \quad \xi_4\leqslant\alpha_{24}, \quad \xi_1\leqslant\alpha_{21}
\end{aligned}$$

由于 α 为一系列 z_{ij} 的求和，存在严格的大小关系，可生成约束 (4-22c)，如下所示:

$$\begin{aligned}
&\alpha_{14}\leqslant\alpha_{13} \quad \alpha_{13}\leqslant\alpha_{12} \quad \alpha_{12}\leqslant\alpha_{15} \quad \alpha_{15}\leqslant\alpha_{11}\\
&\alpha_{25}\leqslant\alpha_{23} \quad \alpha_{23}\leqslant\alpha_{22} \quad \alpha_{22}\leqslant\alpha_{24} \quad \alpha_{24}\leqslant\alpha_{21}
\end{aligned}$$

在此算例中，约束 (4-22a) 和约束 (4-22c) 的系数矩阵 $\boldsymbol{B}$ 的每一行仅有两个元素非零，且为 1 或 -1，每一行所有元素系数之和为 0。将系数矩阵 $\boldsymbol{B}$ 的各列分为全集 $\boldsymbol{W}$ 和空集 $\varnothing$，易得 $\sum\limits_{j\in\mathcal{W}} b_{ij} - \sum\limits_{j\in\varnothing} b_{ij} = 0$。由引理 4.3可知，$\boldsymbol{B}^{\mathrm{T}}$ 为全幺模矩阵；由引理 4.2可知，$\boldsymbol{B}$ 为全幺模矩阵。又因为虚拟设施 1 总是离所有需求点最远，所以，约束 (4-18a) 可以等价于约束 (4-22b)，具体表达形式如下：

$$\alpha_{11} = 1, \qquad \alpha_{21} = 1$$

约束 (4-22e) 中的 $\alpha_{11} \leqslant 1$ 和 $\alpha_{21} \leqslant 1$ 与式 (4-22b) 相比为冗余约束，故而删去前者。因此，剩下的约束仅组成一个单位矩阵 $\boldsymbol{I}$，根据引理 4.2，可知矩阵 $(\boldsymbol{B}^{\mathrm{T}}, \boldsymbol{I})$ 为全幺模矩阵，其转置恰为约束 (4-22a) 约束 (4-22e) 的系数矩阵，也是全幺模矩阵。

4.2.3 两阶段模型的整体重构

在对模型 SP^n 进行处理时，假设选址决策 $\boldsymbol{x}$ 为输入的定值，并据此定义集合 $\mathcal{K}_n$ 和重构后的子问题。然而，对于整个问题 (4-7) 来说，$\boldsymbol{x}$ 同为决策变量。根据定理 4.1，需求点仅能被由集合 $\mathcal{K}_n$ 中的点服务，因此 $\sum\limits_{i=1}^{I}\sum\limits_{j=1}^{K_n} d_i c_{ij} z_{ij} = \sum\limits_{i=1}^{I}\sum\limits_{j=1}^{J} d_i c_{ij} z_{ij} \hat{\xi}_j^n x_j$。对于在集合 $\mathcal{K}_n$ 之外的点来说，最优的 ξ_j 总会等于实证数据 $\hat{\xi}_j^n$ 的值，并以此来保证惩罚成本始终为 0。因此，在模型 (4-12) 中，我们直接令不在集合 $\mathcal{K}_n$ 中的惩罚成本为 0，即 $\xi_j = 0, \forall j \notin \mathcal{K}_n$。值得注意的是，模型 (4-24) 求解的最优解 ξ 并非等于最差中断场景 ξ_{worst}，ξ 需要通过定理 4.1的转换才能获得 ξ_{worst}，即

$$\xi_{\text{worst}} = \begin{cases} \xi_j, & j \in \mathcal{K}_n \\ \hat{\xi}_j^n, & j \notin \mathcal{K}_n \end{cases} \tag{4-23}$$

因此，在将 $\boldsymbol{x}$ 看作决策变量时，模型 SP^n 等价于

$$\max_{\xi, z_{ij}} \sum_{i=1}^{I}\sum_{j=1}^{J} d_i c_{ij} z_{ij} \hat{\xi}_j^n x_j - \lambda \sum_{j=1}^{J} x_j \hat{\xi}_j^n (1 - \xi_j) - \lambda \sum_{j=1}^{J} (1 - x_j \hat{\xi}_j^n) \xi_j \tag{4-24a}$$

$$\text{s.t.} \sum_{j=1}^{J} z_{ij} = 1, \forall i \in \mathcal{I} \tag{4-24b}$$

$$\xi_j \leqslant z_{ij} + \sum_{k \in J_i^n(j)} z_{ik}, \forall i \in \mathcal{I}, \forall j \in \mathcal{J} \tag{4-24c}$$

$$0 \leqslant \xi_j \leqslant 1, \forall j \in \mathcal{J} \tag{4-24d}$$

$$0 \leqslant z_{ij} \leqslant 1, \forall i \in \mathcal{I}, \forall j \in \mathcal{J} \tag{4-24e}$$

其中，目标函数 (4-24a) 中的第一项代表最优的运输成本，第二项代表在集合 $\mathcal{K}_n$ 中的设施所产生的惩罚成本，最后一项代表不在集合 $\mathcal{K}_n$ 中的设施所产生的惩罚成本。由于约束 (4-24b) 定义了所有 z 之和的上界，即 $\sum_{j=1}^{K_n} z_{ij} = 1$，在约束 (4-24e) 定义每个 z 的上界实为冗余。在对删除掉冗余约束之后的模型 (4-24) 求对偶，可得

$$\min \sum_{i=1}^{I} p_i + \sum_{j=1}^{J} s_j - \lambda \sum_{j=1}^{J} x_j \hat{\xi}_j^n \tag{4-25a}$$

$$\text{s.t.} \sum_{i=1}^{I} q_{ij} + s_j \geqslant -\lambda(1 - 2\hat{\xi}_j^n x_j), \forall j \in \mathcal{J} \tag{4-25b}$$

$$-\sum_{k \in \mathcal{J} \setminus J_i(j)} q_{ik} + p_i \geqslant d_i c_{ij} \hat{\xi}_j^n x_j, \forall i \in \mathcal{I}, j \in \mathcal{J} \tag{4-25c}$$

$$q_{ij} \geqslant 0, \forall i \in \mathcal{I}, j \in \mathcal{J} \tag{4-25d}$$

$$s_j \geqslant 0, \forall j \in \mathcal{J} \tag{4-25e}$$

$$p_i \in \mathbb{R}, \forall i \in \mathcal{I} \tag{4-25f}$$

其中，p_i，q_{ij}，s_j 分别是约束 (4-24b) 到 (4-24d) 的对偶变量。

由于重构后的模型 (4-7) 属于两阶段问题，需要在第一阶段给定选址决策 $\boldsymbol{x}$。在将第一阶段和第二阶段的决策进行合并之后，原两阶段随机模型 (4-7) 可重构为

$$\min \boldsymbol{f}^{\mathrm{T}} \boldsymbol{x} + \left(\epsilon - \frac{1}{N} \sum_{n=1}^{N} \sum_{j=1}^{J} \hat{\xi}_j^n x_j \right) \lambda + \frac{1}{N} \sum_{n=1}^{N} \left[\sum_{i=1}^{I} p_{in} + \sum_{j=1}^{J} s_{jn} \right] \tag{4-26a}$$

$$\text{s.t.} \sum_{i=1}^{I} q_{ijn} + s_{jn} \geqslant -\lambda(1 - 2\hat{\xi}_j^n x_j), \forall j \in \mathcal{J}, n \in \mathcal{N} \tag{4-26b}$$

$$-\sum_{k\in\mathcal{J}\setminus J_i(j)} q_{ikn}+p_{in}\geqslant d_ic_{ij}\hat{\xi}_j^n x_j,\forall i\in\mathcal{I},j\in\mathcal{J},n\in\mathcal{N} \tag{4-26c}$$

$$q_{ijn}\geqslant 0,\forall i\in\mathcal{I},j\in\mathcal{J},n\in\mathcal{N} \tag{4-26d}$$

$$s_{jn}\geqslant 0,\forall j\in\mathcal{J},n\in\mathcal{N} \tag{4-26e}$$

$$p_{in}\in\mathbb{R},\forall i\in\mathcal{I},n\in\mathcal{N} \tag{4-26f}$$

$$x_j\in\{0,1\},\forall j\in\mathcal{J} \tag{4-26g}$$

$$\lambda\geqslant 0 \tag{4-26h}$$

随后，用大 M 约束将双线性（bilinear）项线性化，定义一个辅助决策变量 w，使 $w_j=\lambda x_j$，上述模型可以被重构为

$$\min \boldsymbol{f}^{\mathrm{T}}\boldsymbol{x}+\epsilon\lambda-\frac{1}{N}\sum_{j=1}^{J}w_j\left[\sum_{n=1}^{N}\hat{\xi}_j^n\right]+\frac{1}{N}\sum_{n=1}^{N}\left[\sum_{i=1}^{I}p_{in}+\sum_{j=1}^{J}s_{jn}\right] \tag{4-27a}$$

$$\text{s.t.}\sum_{i=1}^{I}q_{ijn}+s_{jn}\geqslant-\lambda+2\hat{\xi}_j^n w_j,\forall j\in\mathcal{J},n\in\mathcal{N} \tag{4-27b}$$

$$w_j\leqslant Mx_j,\forall j\in\mathcal{J} \tag{4-27c}$$

$$w_j\leqslant\lambda,\forall j\in\mathcal{J} \tag{4-27d}$$

$$w_j\geqslant\lambda-M(1-x_j),\forall j\in\mathcal{J} \tag{4-27e}$$

$$w_j\geqslant 0,\forall j\in\mathcal{J} \tag{4-27f}$$

式 (4-26c) ~ 式 (4-26h)

通过约束 McCormick 不等式，目标函数 (4-27a) 和约束 (4-27b) 中的双线性项 λx_j 被 w_j 代替，并足以保证 λx_j 恒等于 w_j：当 $x_j=0$ 时，约束 (4-27c) 和约束 (4-27f) 分别等价于 $w_j\leqslant 0$ 和 $w_j\geqslant 0$，约束 (4-27d) 和约束 (4-27e) 冗余；如果 $x_j=1$，约束 (4-27d) 和约束 (4-27e) 分别等价于 $w_j\leqslant\lambda$ 和 $w_j\geqslant\lambda$, 约束 (4-27c) 和约束 (4-27f) 是冗余的。

在混合整数线性规划问题中，M 的取值会极大地影响运算效率，因此，我们通过模型的特殊性找到了参数 M 的一个下界，并在命题 4.4中证明。

命题 4.4　M 的一个下界是 $\sum_{i\in\mathcal{I}}d_i\left[\max_{j\in\mathcal{J}}\{c_{ij}\}-\min_{j\in\mathcal{J}}\{c_{ij}\}\right]$。

证明　在 SP^n 中，如果 $\lambda \to \infty$，惩罚系数无穷大，则令 $\boldsymbol{\xi} = \hat{\boldsymbol{\xi}}^n$ 可使模型达到最优。因此需要找到一个临界的 λ，使 $\boldsymbol{\xi} \equiv \hat{\boldsymbol{\xi}}^n$。当该等式成立时，子模型 (4-11) 等价于 $h(\boldsymbol{x}, \hat{\boldsymbol{\xi}}^n)$。引入另外一个决策变量 $\boldsymbol{\zeta}$，其对应的最优 λ 小于或等于无穷，对应的目标函数为 $h(\boldsymbol{x}, \boldsymbol{\zeta}) - \lambda||\boldsymbol{\zeta} - \hat{\boldsymbol{\xi}}^n||$。为了保证 $h(\boldsymbol{x}, \hat{\boldsymbol{\xi}}^n) \geqslant h(\boldsymbol{x}, \boldsymbol{\zeta}) - \lambda||\boldsymbol{\zeta} - \hat{\boldsymbol{\xi}}^n||$，有

$$\lambda \geqslant \frac{h(\boldsymbol{x}, \boldsymbol{\zeta}) - h(\boldsymbol{x}, \hat{\boldsymbol{\xi}}^n)}{||\boldsymbol{\zeta} - \hat{\boldsymbol{\xi}}^n||}, \forall \boldsymbol{\zeta} \neq \boldsymbol{\xi} \tag{4-28}$$

假设集合 $\mathcal{S} = \{\hat{\boldsymbol{\xi}}^n = \boldsymbol{\eta}_0, \boldsymbol{\eta}_1, \cdots, \boldsymbol{\eta}_{S-1}, \boldsymbol{\eta}_S = \boldsymbol{\zeta}\}$，且集合 $\mathcal{S}$ 中两个相邻元素的模等于 1，则不等式 (4-28) 可以被改写为

$$\begin{aligned}\lambda \geqslant & \frac{[h(\boldsymbol{x}, \boldsymbol{\eta}_S) - h(\boldsymbol{x}, \boldsymbol{\eta}_{S-1})] + [h(\boldsymbol{x}, \boldsymbol{\eta}_{S-1}) - h(\boldsymbol{x}, \boldsymbol{\eta}_{S-2})] + \cdots + [h(\boldsymbol{x}, \boldsymbol{\eta}_1) - h(\boldsymbol{x}, \boldsymbol{\eta}_0)]}{S} \\ = & \mathbb{E}_{\substack{\boldsymbol{\xi}, \boldsymbol{\zeta} \in \Omega \\ ||\boldsymbol{\xi} - \boldsymbol{\zeta}|| = 1}} [h(\boldsymbol{x}, \boldsymbol{\xi}) - h(\boldsymbol{x}, \boldsymbol{\zeta})] \end{aligned} \tag{4-29a}$$

其中，对于所有的 $\forall \boldsymbol{\xi}, \boldsymbol{\zeta} \in \Omega$，右端值表示 $h(\boldsymbol{x}, \boldsymbol{\xi}) - h(\boldsymbol{x}, \boldsymbol{\zeta})$ 的期望，且 $||\boldsymbol{\xi} - \boldsymbol{\zeta}|| = 1$。因此，只要找到一个 λ 大于约束 (4-29a) 的右端值，即可获得与正无穷等效的结果。根据 $h(\boldsymbol{x}, \boldsymbol{\xi})$ 的最优条件，$h(\boldsymbol{x}, \boldsymbol{\xi}) = \sum_{i \in \mathcal{I}} d_i c_{ij^*}$，$j^* = \arg\min_j \{c_{ij} : x_j = \xi_j = 1\}$。若使 $h(\boldsymbol{x}, \boldsymbol{\xi}) - h(\boldsymbol{x}, \boldsymbol{\zeta})$ 最大，只需让第一项最大、第二项最小，即

$$\max_{\substack{\boldsymbol{\xi}, \boldsymbol{\zeta} \in \Omega \\ ||\boldsymbol{\xi} - \boldsymbol{\zeta}|| = 1}} \{h(\boldsymbol{x}, \boldsymbol{\xi}) - h(\boldsymbol{x}, \boldsymbol{\zeta})\} \leqslant \sum_{i \in \mathcal{I}} d_i \left[\max_{j \in \mathcal{J}} \{c_{ij}\} - \min_{j \in \mathcal{J}} \{c_{ij}\}\right] \tag{4-29b}$$

据此，我们已经找到了一个能代替 ∞ 的正实数，定理得证。□

4.3 理论最坏情况分布

重构模型 (4-1) 是一个最小化最大化问题，内部的最大化问题旨在找到分布模糊集 $\mathcal{D}$ 中的最差分布 $\mathbb{P}^*$，即 $\max_{\mathbb{P} \in \mathcal{D}} \mathbb{E}_{\mathbb{P}} [h(\boldsymbol{x}, \boldsymbol{\xi})] = \mathbb{E}_{\mathbb{P}^*} [h(\boldsymbol{x}, \boldsymbol{\xi})]$。首先需要在 4.3.1节中证明最坏情况分布的存在，然后在 4.3.2节中得到该最坏情况分布的具体形式。

4.3.1　存在性证明

在 Wasserstein 的模糊集上对第二阶段模型进行重构后，模型 (4-7) 等价于给定 $\boldsymbol{x}$ 值的模型 (4-30)。

$$\inf_{\theta_n,\lambda\geqslant 0}\ \epsilon\lambda+\frac{1}{N}\sum_{n=1}^{N}\theta_n \tag{4-30a}$$

$$\text{s.t. } \theta_n+\lambda||\boldsymbol{\xi}-\hat{\boldsymbol{\xi}}^n||\geqslant h(\boldsymbol{x},\boldsymbol{\xi}),\forall\boldsymbol{\xi}\in\boldsymbol{\Omega},\forall n\in\mathcal{N} \tag{4-30b}$$

对模型 (4-30) 求对偶之后，可以看出最坏情况分布的大致轮廓。对于任意中断场景 $\boldsymbol{\xi}\in\boldsymbol{\Omega}$ 和实证数据 n，引入约束 (4-30b) 的一个对偶变量 $P_{\boldsymbol{\xi}}^n$，其对偶问题为

$$\sup_{P_{\boldsymbol{\xi}}^n}\ \sum_{n\in\mathcal{N}}\sum_{\boldsymbol{\xi}\in\boldsymbol{\Omega}}P_{\boldsymbol{\xi}}^n h(\boldsymbol{x},\boldsymbol{\xi}),$$

$$\text{s.t. }\sum_{\boldsymbol{\xi}\in\boldsymbol{\Omega}}P_{\boldsymbol{\xi}}^n=\frac{1}{N},\forall n\in\mathcal{N},\qquad(\theta_n) \tag{4-31a}$$

$$\sum_{n\in\mathcal{N}}\sum_{\boldsymbol{\xi}\in\boldsymbol{\Omega}}P_{\boldsymbol{\xi}}^n||\boldsymbol{\xi}-\hat{\boldsymbol{\xi}}^n||\leqslant\epsilon,\qquad(\lambda) \tag{4-31b}$$

$$P_{\boldsymbol{\xi}}^n\geqslant 0,\forall n\in\mathcal{N},\boldsymbol{\xi}\in\boldsymbol{\Omega}$$

至此，模型 (4-31) 可以用最坏情况分布的形式重建。某个中断场景 $\boldsymbol{\xi}\in\boldsymbol{\Omega}$ 的概率是其分散在各个实证数据 n 上的概率 $P_{\boldsymbol{\xi}}^n$ 之和，即 $P_{\boldsymbol{\xi}}=\sum\limits_{n\in\mathcal{N}}P_{\boldsymbol{\xi}}^n=NP_{\boldsymbol{\xi}}^n$。不等式 (4-31a) 为概率密度函数的定义。根据全概率公式，约束 (4-31b) 恰好定义了 Wasserstein 球的半径，与约束 (4-6) 等效，感兴趣的读者请参考命题 4.2的证明以获取更多信息。在给定第一阶段选址决策 $\boldsymbol{x}$ 之后，我们可以在定理 4.4中证明，存在一个最坏情况分布 $\mathbb{P}^*$，使内部最大化问题取到极值。

定理 4.4　给定 $\boldsymbol{x}\in\{0,1\}^J$ 和实证数据 $\{\hat{\boldsymbol{\xi}}^n\}_{n=1}^N$，定义 $\boldsymbol{e}_1\in\{0,1\}^J$，$\boldsymbol{e}_1=\{1,0,\cdots,0\}$ 和

$$\bar{\boldsymbol{\xi}}^n=\begin{cases}\arg\max\left\{\dfrac{h(\boldsymbol{x},\boldsymbol{\xi})-h(\boldsymbol{x},\hat{\boldsymbol{\xi}}^n)}{||\boldsymbol{\xi}-\hat{\boldsymbol{\xi}}^n||}:\boldsymbol{\xi}\in\Omega\text{ and }\boldsymbol{\xi}\neq\hat{\boldsymbol{\xi}}^n\right\}, & \hat{\boldsymbol{\xi}}^n\neq\boldsymbol{e}_1\\ \hat{\boldsymbol{\xi}}^n, & \hat{\boldsymbol{\xi}}^n=\boldsymbol{e}_1\end{cases} \tag{4-32}$$

存在一个概率集合 $\{P_n\}_{n=1}^N \geqslant 0$、一个最差情况分布 $\mathbb{P}^* \in \mathcal{D}(\mathbb{P}_N, \epsilon)$ 和一个边缘概率密度分别为 $\mathbb{P}^*$ 和 $\mathbb{P}_N$ 的联合概率分布 $\Pi(\boldsymbol{\xi}, \hat{\boldsymbol{\xi}})$，使 $\sup_{\mathbb{P} \in \mathcal{D}(\mathbb{P}_N,\epsilon)} \mathbb{E}_{\mathbb{P}}[h(\boldsymbol{x}, \boldsymbol{\xi})] = \mathbb{E}_{\mathbb{P}^*}[h(\boldsymbol{x}, \boldsymbol{\xi})]$，其中，

$$\Pi\left\{\boldsymbol{\xi} = \hat{\boldsymbol{\xi}}^n \middle| \hat{\boldsymbol{\xi}} = \hat{\boldsymbol{\xi}}^n\right\} = \frac{1-p_n}{N}, \forall n \in \mathcal{N} \tag{4-33a}$$

$$\Pi\left\{\boldsymbol{\xi} = \bar{\boldsymbol{\xi}}^n \middle| \hat{\boldsymbol{\xi}} = \hat{\boldsymbol{\xi}}^n\right\} = \frac{p_n}{N}, \forall n \in \mathcal{N} \tag{4-33b}$$

$$\frac{1}{N}\sum_{n=1}^{N} p_n ||\bar{\boldsymbol{\xi}}^n - \hat{\boldsymbol{\xi}}^n|| \leqslant \epsilon \tag{4-33c}$$

证明　本定理表示最坏情况分布只能在两个数据点 $\bar{\boldsymbol{\xi}}^n$ 和 $\hat{\boldsymbol{\xi}}^n$ 中具有非负概率。我们的方法证明了分布 $\mathbb{P}^*$ 对应的目标函数不小于其他任意 $\mathbb{P} \in \mathcal{D}(\mathbb{P}_N, \epsilon)$ 的目标函数，并以此说明 $\mathbb{P}^*$ 为最坏情况分布。

假设在某边缘概率分布分别为 $\mathbb{P}'$ 和 $\mathbb{P}_N$ 的联合概率分布 Π' 中，存在 K 个随机中断场景 $\left\{\boldsymbol{\zeta}_1, \boldsymbol{\zeta}_2, \cdots, \boldsymbol{\zeta}_K = \bar{\boldsymbol{\xi}}^n\right\} \in \Omega^K$，其中 $\Pi'\{\boldsymbol{\xi} = \boldsymbol{\zeta}_k | \hat{\boldsymbol{\xi}} = \hat{\boldsymbol{\xi}}^n\} = \varrho_k$，$k = 1, \cdots, K$，$\Pi'\{\boldsymbol{\xi} = \hat{\boldsymbol{\xi}}^n | \hat{\boldsymbol{\xi}} = \hat{\boldsymbol{\xi}}^n\} = 1 - \sum\limits_{k=1}^{K} \varrho_k$。

约束 (4-31b) 为模型 (4-31) 的瓶颈约束，可以看作该问题的预算限制。不失一般性，假设场景 $\boldsymbol{\zeta}_k$ 消耗约束 (4-31b) 的“预算”为 $\beta_k = \varrho_k ||\hat{\boldsymbol{\xi}}^n - \boldsymbol{\zeta}_k||$，则对于一个固定数据 n，当联合概率为 Π' 时，目标函数可以表达为

$$\mathbb{E}_{\mathbb{P}'}[h(\boldsymbol{x}, \boldsymbol{\xi})] = \left(1 - \sum_{k=1}^{K} \varrho_k\right) h(\boldsymbol{x}, \hat{\boldsymbol{\xi}}^n) + \sum_{k=1}^{K} \varrho_k h(\boldsymbol{x}, \boldsymbol{\zeta}_k) \tag{4-34a}$$

$$= h(\boldsymbol{x}, \hat{\boldsymbol{\xi}}^n) + \sum_{k=1}^{K} \varrho_k \left[h(\boldsymbol{x}, \boldsymbol{\zeta}_k) - h(\boldsymbol{x}, \hat{\boldsymbol{\xi}}^n)\right] \tag{4-34b}$$

$$= h(\boldsymbol{x}, \hat{\boldsymbol{\xi}}^n) + \sum_{k=1}^{K} \beta_k \frac{h(\boldsymbol{x}, \boldsymbol{\zeta}_k) - h(\boldsymbol{x}, \hat{\boldsymbol{\xi}}^n)}{||\boldsymbol{\zeta}_k - \hat{\boldsymbol{\xi}}^n||} \tag{4-34c}$$

$$\leqslant h(\boldsymbol{x}, \hat{\boldsymbol{\xi}}^n) + \sum_{k=1}^{K} \beta_k \frac{h(\boldsymbol{x}, \bar{\boldsymbol{\xi}}^n) - h(\boldsymbol{x}, \hat{\boldsymbol{\xi}}^n)}{||\boldsymbol{\zeta}_k - \hat{\boldsymbol{\xi}}^n||} \tag{4-34d}$$

$$= \sum_{k=1}^{K} \varrho_k h(\boldsymbol{x}, \bar{\boldsymbol{\xi}}^n) + \left(1 - \sum_{k=1}^{K} \varrho_k\right) h(\boldsymbol{x}, \hat{\boldsymbol{\xi}}^n) \tag{4-34e}$$

其中，等式 (4-34b) 定义了期望运输成本；等式 (4-34c) 来源于 β_k 的定义；不等式 (4-34d) 成立的原因是 $\bar{\boldsymbol{\xi}}^n$ 的定义 (4-32)；由于 ζ_k，$k = 1, 2, \cdots, K-1$ 造成的所有预算均可以移动给 $\bar{\boldsymbol{\xi}}^n$，根据 β 和 ρ 之间的关系，场景 $\bar{\boldsymbol{\xi}}^n$ 将被分配给更大的概率，从而获得更大的目标函数，等式 (4-34e) 成立。等式 (4-34e) 与最坏分布 $\mathbb{P}^*$ 的定义相同，在 $\mathbb{P}^*$ 中仅有场景 $\hat{\boldsymbol{\xi}}^n$ 和 $\bar{\boldsymbol{\xi}}^n$ 可以获得非负概率，定理得证。 □

4.3.2 具体分布形式

如 4.2.3节所述，模型 (4-26) 是模型 (4-30) 的等价表述。同处理模型 (4-30) 的方法类似，我们通过分析模型 (4-26) 的对偶问题 (4-35) 来获取真正的最坏情况分布。

$$\max \quad \sum_{i=1}^{I}\sum_{j=1}^{J}\sum_{n=1}^{N} d_i c_{ij} \hat{\xi}_j^n x_j v_{ijn} \tag{4-35a}$$

$$\text{s.t.} \quad \sum_{j=1}^{J} v_{ijn} = \frac{1}{N}, \forall i \in \mathcal{I}, \forall n \in \mathcal{N} \tag{4-35b}$$

$$r_{jn} \leqslant v_{ijn} + \sum_{k \in J_i(j)} v_{ikn}, \forall i \in \mathcal{I}, \forall j \in \mathcal{J}, \forall n \in \mathcal{N} \tag{4-35c}$$

$$\sum_{n=1}^{N}\sum_{j=1}^{J}(1 - 2\hat{\xi}_j^n x_j) r_{jn} + \frac{1}{N}\sum_{n=1}^{N}\sum_{j=1}^{J}\hat{\xi}_j^n x_j \leqslant \epsilon \tag{4-35d}$$

$$0 \leqslant r_{jn} \leqslant \frac{1}{N}, \forall j \in \mathcal{J}, \forall n \in \mathcal{N} \tag{4-35e}$$

$$0 \leqslant v_{ijn} \leqslant \frac{1}{N}, \forall i \in \mathcal{I}, \forall j \in \mathcal{J}, \forall n \in \mathcal{N} \tag{4-35f}$$

在得到模型 (4-35) 的最优解后，我们可以找到最坏情况分布的数值解，证明方法如定理 4.5所示：

定理 4.5　给定 $\boldsymbol{x} \in \{0,1\}^J$、实证数据 $\{\hat{\boldsymbol{\xi}}^n\}_{n=1}^N$、模型 (4-35) 的最优解 v_{ijn}^*, r_{jn}^*。根据定理 4.4，最坏情况分布 $\mathbb{P}^* \in \mathcal{D}(\mathbb{P}_N, \epsilon)$ 仅有 $2N$ 个场景 $\{\hat{\boldsymbol{\xi}}^n, \bar{\boldsymbol{\xi}}^n\}_{n=1}^N$可能具有正数概率 $\{P_{1n}, P_{2n}\}_{n=1}^N$。$r_{jn}^*$ 与概率 P_{1n}，P_{2n} 的对应关系为：$r_{jn}^* = P_{1n}\hat{\boldsymbol{\xi}}^n + P_{2n}\bar{\boldsymbol{\xi}}^n$, $P_{1n} + P_{2n} = \dfrac{1}{N}$。概率 P_{1n}，P_{2n}，$\bar{\xi}_j^n$ 的具体数值可以通过如下方式获得：

- 若 $r_{jn}^* = \frac{1}{N}$，则 $\bar{\xi}_j^n = 1$, $\bar{\xi}_j^n = \hat{\xi}_j^n$, $P_{1n} = \frac{1}{N}, P_{2n} = 0$;
- 若 $0 < r_{jn}^* < \frac{1}{N}$，则 $\bar{\xi}_j^n = 0$, $P_{1n} = r_{jn}^*$, $P_{2n} = \frac{1}{N} - r_{jn}^*$。

证明 首先，我们分析模型 (4-35) 的最优条件。由于 $\mathcal{K}_n = \{j : \hat{\xi}_j^n = x_j = 1\}$，对于那些不在集合 $\mathcal{K}_n$ 中的点，不会对目标函数的增加产生任何贡献，因而 $v_{ijn}^* = 0$；若 $r_{jn}^* = 1, \forall j \notin \mathcal{K}_n$，会额外增加约束 (4-35d) 的预算成本，而对目标函数无任何影响，因而，$r_{jn}^* = 0, \forall j \notin \mathcal{K}_n$。在最优时，所有下标为 $j \notin \mathcal{K}_n$ 的约束冗余，可以去掉。在去掉冗余约束后（只考虑 $j \in \mathcal{K}_n$ 中的变量和约束），约束 (4-35d) 等价于

$$\sum_{n=1}^{N} \sum_{j=1}^{\mathcal{K}_n} \left(\frac{1}{N} - r_{jn} \right) \leqslant \epsilon \tag{4-36}$$

引入辅助决策变量 $v'_{ijn} = N v_{ijn}$，$r'_j = N r_j$，约束 (4-35b)，约束 (4-35c)，约束 (4-35e) 和约束 (4-35f) 改写为

$$\sum_{j \in \mathcal{K}_n} v'_{ijn} = 1, \forall i \in \mathcal{I}, \forall n \in \mathcal{N} \tag{4-37a}$$

$$r'_{jn} \leqslant v'_{ijn} + \sum_{k \in J_i(j)} v'_{ikn}, \forall i \in \mathcal{I}, \forall j \in \mathcal{K}_n, \forall n \in \mathcal{N} \tag{4-37b}$$

$$0 \leqslant r'_{jn} \leqslant 1, \forall j \in \mathcal{J}, \forall n \in \mathcal{K}_n \tag{4-37c}$$

$$0 \leqslant v'_{ijn} \leqslant 1, \forall i \in \mathcal{I}, \forall j \in \mathcal{J}, \forall n \in \mathcal{K}_n \tag{4-37d}$$

由定理 4.3可知，约束组合 (4-37) 定义了子问题的一个凸包。因此，若可行解 (v'^*_{ijn}, r'^*_{jn}) 满足上述四个约束，则一定可以表示为一系列整数极值点的线性组合。根据定理 4.4，最坏情况分布 $\mathbb{P}^* \in \mathcal{D}(\mathbb{P}_N, \epsilon)$ 中仅有 $2N$ 个场景 $\{\hat{\boldsymbol{\xi}}^n, \bar{\boldsymbol{\xi}}^n\}_{n=1}^N$ 可能具有正数概率，r'_{jn} 等于 $\hat{\boldsymbol{\xi}}^n$ 和 $\bar{\boldsymbol{\xi}}^n$ 的线性组合，即 $r'^*_{jn} = P'_{1n}\hat{\boldsymbol{\xi}}^n + P'_{2n}\bar{\boldsymbol{\xi}}^n$，$P'_{1n} + P'_{2n} = 1$。由于在实证分布中 N 个数据同权，所以 $P'_{1n} = NP_{1n}$，$P'_{2n} = NP_{2n}$，$r_{jn}^* = P_{1n}\hat{\boldsymbol{\xi}}^n + P_{2n}\bar{\boldsymbol{\xi}}^n$, $P_{1n} + P_{2n} = \frac{1}{N}$。

在 $j \in \mathcal{K}_n$ 时，$\hat{\xi}_j^n = 1$。又因为 $P_{1n} + P_{2n} = \frac{1}{N}$，可知仅当 $\bar{\xi}_j^n = 0$ 时，可能出现 $r_{jn} < \frac{1}{N}$，即

- 若 $r^*_{jn}=\dfrac{1}{N}$，则 $\bar{\xi}^n_j=1, \bar{\xi}^n_j=\hat{\xi}^n_j, P_{1n}=\dfrac{1}{N}, P_{2n}=0$;
- 若 $0<r^*_{jn}<\dfrac{1}{N}$，则 $\bar{\xi}^n_j=0, P_{1n}=r^*_{jn}, P_{2n}=\dfrac{1}{N}-r^*_{jn}$。

定理得证。 □

4.4 求解方法

本节提出了两种分支剪界（branch-and-cut, B&C）方法对问题求解。第一种方法基于 4.3.2节提出的最坏情况分布；第二种方法基于最坏中断场景，与传统列和约束生成（column and constraint generation，CCG）相似。

4.4.1 基于最坏情况分布的分支剪界算法

原模型 (4-1) 等价于

$$\min_{\boldsymbol{x}\in\{0,1\}^J}\sum_{j\in\mathcal{J}} f_j x_j+\Theta \tag{4-38a}$$

$$\text{s.t.}\quad \Theta\geqslant\mathbb{E}_{\mathbb{P}}[h(\boldsymbol{x},\boldsymbol{\xi})],\forall\mathbb{P}\in\mathcal{D} \tag{4-38b}$$

在约束 (4-38b) 中，并非所有的分布 $\mathbb{P}\in\mathcal{D}$ 均需要被考虑，只需考虑一些极端情况，即可获得一个较为满意的下界。因此，模型 (4-38) 能够被基于最坏情况分布的 Benders' 分解算法求解。在求解时，在第一阶段固定选址决策 $\boldsymbol{x}$ 的值，在第二阶段确定运输成本 $h(\boldsymbol{x},\boldsymbol{\xi})$。

4.4.1.1 根节点

在根节点，首先求解原始混合整数线性规划问题的线性松弛。根据定理 4.4和定理 4.5，当选址决策 $\hat{\boldsymbol{x}}\in\{0,1\}^J$ 为固定的整数时，其对应的最坏情况分布 $\mathbb{P}(\hat{\boldsymbol{x}})$ 可以通过求解问题 (4-35) 获取。然而，在线性松弛问题中，与小数解 $\tilde{\boldsymbol{x}}$ 对应的最坏情况分布较难给出，因而可以利用算法 3将小数解转化为一系列整数解的线性组合。

参照 Fischetti 等人[27] 的研究，我们考虑了两个 $\boldsymbol{x}$ 空间的向量：当前线性松弛问题的最优解 $\boldsymbol{x}^*$ 和一个固定的“稳定点”（stabilizing point）$\boldsymbol{x}'$。最初，令稳定点 $\boldsymbol{x}'=(1,\cdots,1)$。在每次迭代过程中，将点 $\boldsymbol{x}'$ 部分

向点 $\boldsymbol{x}^*$ 移动，使 $\boldsymbol{x}'=\dfrac{1}{2}(\boldsymbol{x}'+\boldsymbol{x}^*)$，并找到一个“中间点”（intermediate point）$\hat{\boldsymbol{x}}$，使 $\hat{\boldsymbol{x}}=\gamma\boldsymbol{x}^*+(1-\gamma)\boldsymbol{x}'$。参数 $\gamma\in(0,1]$ 被设为 0.2，意味着率先考虑距离稳定点较近的可行解，当线性问题的下界不再变化时，令参数 $\gamma=1$，并结束迭代。

在每次迭代中，利用算法 3来获取“中间点”$\hat{\boldsymbol{x}}$ 的 0-1 线性组合。关于 $(\tilde{\boldsymbol{\omega}}_1,\tilde{\boldsymbol{\omega}}_2,\cdots,\tilde{\boldsymbol{\omega}}_S)$ 的最坏情况分布 $\mathbb{P}(\boldsymbol{\omega}_1),(\boldsymbol{\omega}_2),\cdots,\mathbb{P}(\boldsymbol{\omega}_S)$ 以式 (4-38b) 的形式被加入原问题。为了使新加入的模型变量更少，第二阶段的优化问题 $h(\boldsymbol{x},\boldsymbol{\xi})$ 被表示为模型 (4-4) 的形式。当线性松弛问题的下界的改变小于 5% 时，停止迭代，并开始利用分支剪界方法求解已经加入许多切的混合整数线性规划问题。

算法 3 找到小数解 $\tilde{\boldsymbol{x}}$ 的整数线性组合

输入 $\tilde{\boldsymbol{x}}$：一个可行的小数解，$\tilde{\boldsymbol{x}}\in[0,1]$

输出 $(\tilde{\omega}_1,\tilde{\omega}_2,\cdots,\tilde{\omega}_S)$：由 S 个 0-1 向量组成的 $\tilde{\boldsymbol{x}}$ 的一个线性组合
$(\beta_1,\beta_2,\cdots,\beta_S)$ 向量组合 $(\tilde{\boldsymbol{\omega}}_1,\tilde{\boldsymbol{\omega}}_2,\cdots,\tilde{\boldsymbol{\omega}}_S)$ 对应的概率

1: 定义集合 $\mathcal{U}=\{j:\tilde{x}_j\neq 0\}$ 和序号 $s=1$
2: **while** $\mathcal{U}\neq\varnothing$ **do**
3: 令 $\beta_s=\min_{j\in\mathcal{U}}\{\tilde{x}_j\}$
4: $\boldsymbol{\omega}_s=\{I(1\in\mathcal{U}),I(2\in\mathcal{U}),\cdots,I(J\in\mathcal{U})\}$
5: 令 $\tilde{\boldsymbol{x}}\leftarrow\tilde{\boldsymbol{x}}-\beta_s\boldsymbol{\omega}_s$，$\mathcal{U}=\{j:\tilde{x}_j\neq 0\}$, $s\leftarrow s+1$
6: **end while**

4.4.1.2 分支定界树中切的形式

把通过加切求到收敛的根节点线性规划问题转化为其对应的混合整数线性规划问题，再用加切的方式判断当前找到的可行解，即可得到原模型的最优解。若当前节点 $\boldsymbol{x}$ 恰为整数，求解器（如 Cplex 和 Groubi）会触发 lazycallback 函数，验证当前整数是否可行；若当前解不可行，则会产生一个切将该点删去。我们把对所有可行解均适用的切加入求解器的 lazycallback 模块中，加入有效不等式，删除原问题不可行的整数解。在这里，加入的切有两种，分别是 Benders' 切和次模切。

- **Benders' 切**

给定整数选址决策 $\hat{\boldsymbol{x}}$，计算其对应的最差情况分布 $\hat{\mathbb{P}}$，假设分布 $\hat{\mathbb{P}}$ 中

共有 S 个场景。将 $\hat{\boldsymbol{x}}$ 和场景 ξ_j^s 代入对偶问题 (4-3) 中，计算该问题的最优解 $\hat{\boldsymbol{\rho}}$ 和 $\hat{\boldsymbol{v}}$。由于 $\theta \geqslant \mathbb{E}_{\mathbb{P}}[h(\boldsymbol{x},\boldsymbol{\xi})]$，根据强对偶原则，可以得到一个有效不等式：

$$\theta \geqslant \mathbb{E}_{\hat{\mathbb{P}}}\left[\sum_{i=1}^{I} d_i \sum_{j=1}^{J}\left(\hat{\rho}_i + \hat{v}_{ij}x_j\xi_j^s\right)\right] \tag{4-39}$$

- **次模切**

定义 $\mathcal{X} \in \{0,1\}^{|J|}$，当且仅当 $j \in \mathcal{X}$，$x_j = 1$，$\forall j \in \mathcal{J}$。令 $H(\mathcal{X}) = \mathbb{E}_{\mathbb{P}}[h(\boldsymbol{x},\boldsymbol{\xi})]$，可以证明 $H(\mathcal{X})$ 是关于 $\mathcal{X}$ 的次模函数。

引理 4.4 $H(\mathcal{X})$ 是关于 $\mathcal{X}$ 的次模函数。

证明 与 Lu 等人[28] 的研究相似。 □

根据 Ahmed 等人[147] 的研究，在给定 $\hat{x} \in \{0,1\}^J$ 和 $\hat{\theta}$ 时，首先检验 $\hat{\theta}$ 与 $H(\hat{x})$ 的大小关系，若 $\hat{\theta} \geqslant H(\hat{x})$，则当前解为可行解，不需要新加入约束；否则，加入其对应的次模切：

$$-\theta \leqslant -H(\mathcal{X}) - \sum_{i\in\mathcal{X}} \varrho_i(\mathcal{J}\setminus i)(1-x_i) + \sum_{i\in\mathcal{J}\setminus\hat{\mathcal{X}}} \varrho_i(\mathcal{X})x_i \tag{4-40}$$

$$-\theta \leqslant -H(\mathcal{X}) - \sum_{i\in\mathcal{X}} \varrho_i(\hat{\mathcal{X}}\setminus i)(1-x_i) + \sum_{i\in\mathcal{J}\setminus\hat{\mathcal{X}}} \varrho_i(\varnothing)x_i \tag{4-41}$$

其中，$\varrho_i(\mathcal{X}) = -H(\mathcal{X}\cup i) + H(\mathcal{X})$。

4.4.2 基于列和约束生成的分支剪界算法

模型 (4-7) 可以通过最坏中断场景的加切方法进行求解。我们将原模型看作一个两阶段的随机规划模型，其中决策变量 $\boldsymbol{x}$，λ 和 $\boldsymbol{\theta}$ 在第一阶段固定，运输成本 $h(\boldsymbol{x},\boldsymbol{\xi})$ 则在第二阶段处理。在优化时，只需考虑极端条件下的较差中断场景，而并非所有的可能场景 $\boldsymbol{\xi} \in \Omega$，因此，通过不断加入新的可能场景，此算法会在有限迭代次数内收敛[148]。定义集合 $\mathcal{S}$ 为已考虑的中断场景集合，为了避免出现不可行，实证数据 $\hat{\boldsymbol{\xi}}^n$ 被率先加入 $\mathcal{S}$。

4.4.2.1 根节点

在根节点，首先，求解原整数规划问题的线性松弛，通过 Benders' 分解（BD）算法加速收敛。其次，在第 s 次迭代时，固定选址决策 $\hat{\boldsymbol{x}}$ (可以为小数解)，求解模型 (4-24) 并获得对应的最坏中断场景 $\boldsymbol{\zeta}_n^s$。最后，通过求解模型 $h(\boldsymbol{x},\boldsymbol{\xi})$ 的对偶问题 (4-3)，得到如下 Benders' 切。

$$\theta_n \geqslant \sum_{i\in\mathcal{I}} d_i \sum_{j\in\mathcal{J}}[\rho_i^* + v_{ij}^* x_j \boldsymbol{\zeta}_n^s] - \lambda \sum_{j\in\mathcal{J}}(\hat{\xi}_j^n + \boldsymbol{\zeta}_n^s - 2\hat{\xi}_j^n \boldsymbol{\zeta}_n^s), \forall n \in \mathcal{N} \tag{4-42}$$

其中，ρ_i^* 和 v_{ij}^* 是模型 (4-3) 的最优解。

定义主问题 (MP-CCG) 为

$$\text{(MP-CCG)}\quad \min_{\boldsymbol{x},\theta,\lambda} \quad \boldsymbol{f}^{\mathrm{T}}\boldsymbol{x} + \epsilon\lambda + \frac{1}{N}\sum_{n}^{N}\theta_n \tag{4-43a}$$

$$\text{s.t.}\quad \theta_n \geqslant \sum_{i\in\mathcal{I}} d_i \sum_{j\in\mathcal{J}}[\rho_i^* + v_{ij}^* x_j \boldsymbol{\zeta}_n^s] - \sum_{j\in\mathcal{J}}(\hat{\xi}_j^n + \boldsymbol{\zeta}_n^s - 2\hat{\xi}_j^n \boldsymbol{\zeta}_n^s), \quad \forall n \in \mathcal{N}, \forall s \in \mathcal{S} \tag{4-43b}$$

$$\theta_n \geqslant \sum_{i\in\mathcal{I}} d_i \sum_{j\in\mathcal{J}}[\rho_i^* + v_{ij}^* x_j \hat{\boldsymbol{\xi}}_j^n], \forall n \in \mathcal{N} \tag{4-43c}$$

$$\lambda \geqslant 0, \boldsymbol{\theta} \geqslant 0, \boldsymbol{x} \in \{0,1\}^J \tag{4-43d}$$

在 BD 算法中，主问题仅仅考虑了部分可行的中断场景 $\boldsymbol{\xi}$，而不是所有的 $\boldsymbol{\xi} \in \Omega$，因此主问题提供了原问题的一个下界。在经过多次迭代且下界目标函数的改变不大时，停止迭代，并返回当前根节点目标值。

4.4.2.2　分支定界树的加切过程

在混合整数规划分支定界的框架下，若当前节点 $\boldsymbol{x}$ 恰为整数，求解器自动触发 lazycallback 函数验证当前整数解是否可行，若当前解不可行，会产生一个切将该点删去。由于 (4-42) 中定义的 Benders' 切对所有可行解均成立，因此，在 lazycallback 中加入相应的 Benders' 切。生成 Benders' 切的算法流程如下：

算法 4 生成 Benders' 切 (4-42) 的算法流程

定义： $\hat{x}_j$: 一个可行的选址策略（在根节点上为 MP-CCG 的最优解；在分支定界树上为当前节点的整数解）

1: **for** n=1:N **do**
2: 　求解模型 (4-24)，得到最差中断场景 $\hat{\zeta}_j^n$
3: 　给定 $\hat{x}_j$ 和 $\hat{\zeta}_j^n$，求解模型 (4-3)，得到最优的 ρ_i^* 和 v_{ij}^*
4: 　加入 Benders' 切 (4-42)
5: **end for**

4.5 数值实验

本节将从算法性能对比、Wasserstein 球的半径选择、Wasserstein 鲁棒模型与其他建模方法对比、成本-收益分析四个方面进行阐述。所有算法均用 Linux CentOS 7 操作系统调用 Cplex 12.8 实现，在一台具有 2.8 GHz Intel Xeon X5660 处理器和 12GB 内存的台式机上运行。每个算例均是单线程运行的，计算时间的上限被设为 7200s，算法结束的可容忍误差为 0.1%。

4.5.1 算法性能分析

在进行数值验证时，我们利用 Daskin 的 49 个城市数据集（https://daskin.engin.umich.edu/network-discrete-location）进行验证。该数据集包含了美国 48 个州的州府以及首都华盛顿。我们利用该数据集的前 20，前 25，前 30 个点作为可选设施集合，利用前 30，前 49 个点作为需求集合。由于本书提出的 Wasserstein 鲁棒集为数据驱动的随机优化方法，所采用的实证数据个数 N 从 10，30，50 中选择。Wasserstein 球的半径 ϵ 同样对运算效率和计算结果产生了一定影响，因此在设置问题规模时，假设 ϵ 的可能取值为 0.01，0.1，1，2，3，见表 4.1。

表 4.1　算法计算效率性能分析

I	J	N	ϵ	运行时间			间隙			根节点比值	
				Cplex	BC1	BC2	Cplex	BC1	BC2	BC1	BC2
30	20	10	0.1	4533	8.0	2.4	0.1%	0.1%	0.1%	96.31%	88.40%
30	20	10	1	1125	48.9	5.9	0.1%	0.1%	0.1%	94.37%	88.71%
30	20	30	0.1	7200	32.8	6.7	114.0%	0.1%	0.1%	94.43%	91.60%
30	20	30	1	4149	378.3	21.9	0.9%	0.1%	0.1%	94.95%	93.04%
30	20	50	0.1	7200	92.3	14.9	185.3%	0.1%	0.1%	93.70%	86.44%
30	20	50	1	7200	634.7	32.0	67.8%	0.1%	0.1%	87.44%	86.40%
30	25	30	0.01	7200	33.2	7.2	770.5%	0.1%	0.1%	81.42%	82.98%
30	25	30	0.1	7200	67.2	11.1	714.4%	0.1%	0.1%	76.44%	76.11%
30	25	30	1	7200	4715.4	112.8	462.8%	0.5%	0.1%	94.84%	91.88%
30	25	30	2	7200	7200	715.2	284.2%	4.5%	0.1%	95.29%	90.01%

续表

I	J	N	ϵ	运行时间			间隙			根节点比值	
				Cplex	BC1	BC2	Cplex	BC1	BC2	BC1	BC2
30	25	30	3	7200	7200	5189.0	122.4%	9.5%	0.7%	97.20%	90.29%
30	25	50	0.1	7200	128.7	12.8	813.6%	0.1%	0.1%	95.11%	90.13%
30	25	50	1	7200	6297.5	153.4	549.8%	1.5%	0.1%	95.29%	90.44%
30	30	50	0.1	7200	154.0	16.9	1255.6%	0.1%	0.0%	94.28%	88.27%
30	30	50	1	7200	7200	565.4	945.8%	6.7%	0.1%	94.73%	88.64%
49	20	10	0.1	5659	17.3	2.9	14.7%	0.1%	0.0%	90.96%	86.06%
49	20	10	1	2488	87.2	10.4	0.0%	0.1%	0.1%	89.29%	88.19%
49	20	30	0.1	7200	49.8	12.8	248.5%	0.1%	0.1%	88.69%	88.89%
49	20	30	1	7200	667.9	31.5	40.7%	0.1%	0.1%	86.48%	89.41%
49	20	50	0.1	7200	112.5	16.7	457.7%	0.1%	0.1%	83.51%	83.94%
49	20	50	1	7200	1057.2	44.1	196.4%	0.1%	0.1%	90.51%	86.57%
49	25	50	0.1	7200	248.0	30.8	943.1%	0.1%	0.1%	89.74%	88.47%
49	25	50	1	7200	7200	293.9	666.2%	4.5%	0.1%	89.74%	88.92%
49	30	50	0.1	7200	408.7	29.3	1318.3%	0.1%	0.1%	86.14%	88.31%
49	30	50	1	7200	7200	1694.0	987.8%	9.4%	0.1%	82.84%	82.81%

本节的主要目的是比较 4.4节中提出的两种分支剪界算法与求解器 Cplex 的计算效率，在下文中用 BC1 和 BC2 分别代替 4.4.1节和 4.4.2节中提出的算法。根据 I，J，N，ϵ 的取值，本节共考虑 25 组不同的问题规模，在每个问题规模下随机生成 5 组实证数据，计算同一规模下三种算法的平均运行时间、最优解的间隙（gap），以及根节点线性松弛问题下界与最优解比值。

随机参数的取值参照 Daskin 在教材中给出的参考数值进行微调。令各点需求 $d_i = E_i/10^5$，其中 E_i 为点 i 的 1990 年的州人口总数；各点建造设施的成本 $f_j = F_j/10^3$，其中 F_j 为该点 1990 年房价的中位数；各点之间的距离 $c_{ij} = H_{ij}/100$，其中，H_{ij} 为点 i 与 j 之间的距离（以英里 mile 为单位，1mile=1609.347m）。需求点到虚拟设施的距离设为 $c_{\max} = \max\limits_{i\in\mathcal{I},j\in\mathcal{J}} c_{ij}$。参考 Cui 等人[62] 对于失效情况的描述，若某一点发生地震，其他节点受灾概率与距离成反比。假设各点发生中断的概率 $q_j = 0.5e^{-c_j/10}$，其中，c_j 代表各点到节点 1 的距离。表 4.1对比了三种算法的运算效率和求解精度。

由表 4.1可知，两种分支剪界算法在计算时间和计算精度上均显著优于求解器 Cplex。随着问题规模的增加，Cplex 求解的时间显著增加，而分支剪界算法则持续保持在较低水平。以 $I = 30$, $J = 20$, $N = 10$, $\epsilon = 0.1$ 为例，三种算法均能在 7200s 内求得最优解，Cplex 的平均计算时间为 4533s，两种分支剪界算法的时间分别为 8s 和 2.42s，效率提升高达数百倍。当问题规模稍稍变大时，Cplex 无法在规定时间内求得最优解，读者可通过最优解间隙对比算法。例如，当 $I = 30$, $J = 20$, $N = 30$, $\epsilon = 0.1$ 时，Cplex 在 7200s 算出的整数规划上下界的间隙为 114.01%，而 BC1 仅在 32s 左右得到了满足 0.1% 精度的最优解，BC2 更是仅仅耗费了 6s。由此可见，分支剪界算法在求解此类问题时具有不俗的表现。最后两列代表了两种分支剪界算法在根节点对应的目标函数值占最优解的比例，不难发现，分支剪界算法在处理根节点后便会得到一个较为满意的下界，大部分根节点下界可以达到最优解的 80% 以上，大大降低了优化空间，这也是算法效率显著提升的一个重要原因。

在对比两种分支剪界算法的效率时，BC2 的运算时间和精度显著优于 BC1，且与问题规模的关系相对较小。例如，当 $I = 30$, $J = 30$, $N = 50$, $\epsilon = 1$ 时，BC1 无法在 7200s 内求得最优解，而 BC2 仅仅用 565s 就完成了运算。这是由于，BC1 在根节点生成 Benders' 切时，同时加入了新约束和新变量，使分支定界树的规模显著增加；同时，BC1 还要利用算法 3将生成的小数解转化为 0-1 变量的线性组合，增加了总运算时间。而 BC2 在处理根节点时相对简单，仅加入了必要的新约束，问题规模并未有明显改变。

从参数对运算效率的影响来看，随着 I，J，N 的增大，耗费时间显著提高。其中，J 对计算效率的影响最大，这是由于，本节的主要决策变量 $\boldsymbol{x}$ 是一个 J 维向量，当 J 变大时，可行解的搜索空间会呈现指数增长，从而加重求解负担。值得注意的是，ϵ 对求解时间的影响很大，例如，我们尝试了当 $I = 30$, $J = 25$, $N = 30$ 时，ϵ 从 0.01 增大到 3 的全部算例，BC2 的运行时间从 7.26s 逐渐提高到 5189.01s，增长显著。这是因为 ϵ 代表了模型的鲁棒性：当 $\epsilon \to 0$ 时，分布式鲁棒优化模型等价于传统随机规划模型，分布模糊集中仅有实证分布一种选择；随着 ϵ 的增大，分布形式的可选范围也会不断增大，在寻找最坏情况分布时，搜索空间增大，问题更加难以求解。

4.5.2 Wasserstein 球的半径选择

Wasserstein 球的半径 ϵ 影响了鲁棒模型的保守程度和运算效率，如何确定最佳的半径是本章的一个重点。

如 4.5.1节所述，Cui 等人[62] 以地震形式模拟失效，各点的失效概率随着与震源的距离递减。然而，在实际运营过程中，震源位置不易估计且随机性较大。因此在进行建模时，假设震源具有多个可选范围，即震源可以从固定的 2 个，4 个，10 个点中随机选择，可选数量越大，模型随机性越强。

定义在给定 N 个数据和半径 ϵ 时，模型 (4-1) 的最优解为 $\hat{\tau}(\epsilon, N)$；为了衡量解的好坏，定义解 $\hat{\tau}(\epsilon, N)$ 的样本外表现（out-of-sample performance）为

$$O(\hat{\tau}(\epsilon, N)) = \mathbb{E}_{\mathbb{P}_{\text{approx}}}[\phi(\hat{\tau}(\epsilon, N)), \boldsymbol{\xi}] \tag{4-44}$$

其中，$\mathbb{P}_{\text{approx}}$ 为来自真实分布 $\mathbb{P}$ 的由 N 个数据点组成的实证分布，$\phi(\boldsymbol{x}, \boldsymbol{\xi})$ 为模型 (4-1) 的目标函数，$\boldsymbol{\xi}$ 为来自真实分布的可能中断场景。

定义 ϵ 的可能取值集合为 $\mathcal{A} = \{0.0001, 0.0002, \cdots, 0.001, \cdots, 0.1, \cdots, 1, 1.5\}$，并在该集合中选取最优的 ϵ。对于任意的 $\epsilon \in \mathcal{A}$ 来说，根据分布 $\mathbb{P} \in \mathcal{D}$ 生成 N 个数据，其中 $N \in \mathcal{B} = \{5, 10, 15, 20, 25, 30, 40, 50, 60\}$。

由于本章的随机变量为失效场景 $\boldsymbol{\xi}$，在实际生活中属于小概率事件，我们只能充分利用现有的少量 N 个数据推测最优的 ϵ^*。本节采用 Esfahani 和 Kuhn[26] 的交叉验证方法，确定在给定 N 个实证数据时的最佳半径 $\hat{\epsilon}_{\text{best}}^N$。具体而言，在求解问题前，已随机将历史数据 $\{\hat{\boldsymbol{\xi}}^n\}_{n=1}^N$ 分为两部分：第一部分为训练集，数据量为 $0.8N$；第二部分为测试集，数据量为 0.2N。我们仅采用测试集中的 $0.8N$ 个数据求解模型 (4-1)，并计算所有的 $\epsilon \in \mathcal{A}$ 的最优选址结果 $\hat{\tau}(\epsilon, 0.8N)$。然后，在训练集上计算 $\hat{\tau}(\epsilon, 0.8N)$ 的样本外表现 $O(\hat{\tau}(\epsilon, 0.2N)) = \mathbb{E}_{\mathbb{P}_{0.2N}}[\phi(\hat{\tau}(\epsilon, 0.8N)), \boldsymbol{\xi}]$。其中，$\mathbb{P}_{0.2N}$ 为实证分布。为了使验证更加准确，对于每组 ϵ 和 N，进行 50 次拆分，并计算这 50 个 $O(\hat{\tau}(\epsilon, 0.2N))$ 的 20% 和 80% 分位数和均值，绘制在图 4.1和图 4.2中。

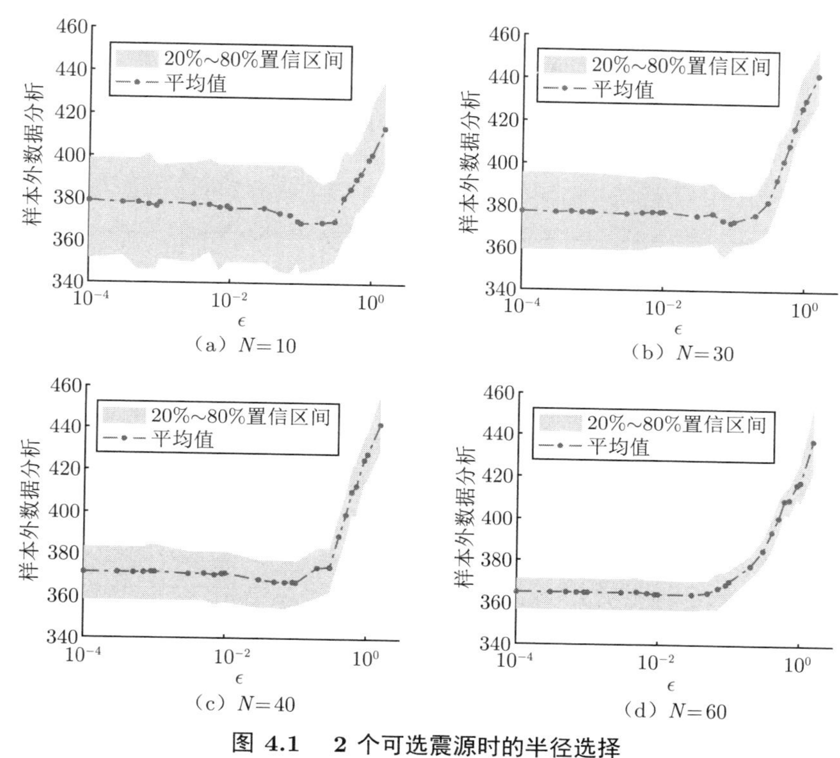

（a）$N=10$　（b）$N=30$　（c）$N=40$　（d）$N=60$

图 4.1　2 个可选震源时的半径选择

图 4.1展示了在 $I=49$，$J=25$ 且具有两个可选震源时，半径 ϵ 的样本外表现。图中的阴影部分表示样本外表现 $O(\hat{\tau}(\epsilon,0.2N))$ 20% 和 80% 分位点之间的距离，蓝色虚线表示 $O(\hat{\tau}(\epsilon,0.2N))$ 在 50 次随机划分上的均值。不难发现，当样本量较少时，例如 $N=10,30,40$，模型 (4-1) 的样本外表现随着 ϵ 的增大呈现出先减后增的趋势，也就意味着，存在一个半径 ϵ 能够使鲁棒模型获得最优的样本外表现，其中 $\hat{\epsilon}_{\text{best}}^{10}=0.1$，$\hat{\epsilon}_{\text{best}}^{30}=0.09$，$\hat{\epsilon}_{\text{best}}^{40}=0.05$；当样本量较大时，例如 $N=60$，样本外表现随着 ϵ 的增加单调递增，$\hat{\epsilon}_{\text{best}}^{60}=0$。

实证数据 $\hat{\boldsymbol{\xi}}^n$ 的个数 N 显示了对不确定集估计的准确程度，随着 N 的增大，最佳半径 ϵ 逐渐递减，模型保守性降低。根据 Wasserstein 不确定集的渐进最优性[149]，当实证数据量趋于无穷时，分布式鲁棒优化模型与随机规划模型的解一致，最优模糊集半径为 0，仅包含输入的实证分布。由于鲁棒优化模型考虑到可能的最坏情况，而随机规划模型仅优化现有随机场景，随机规划模型的最优解具有更低的运营成本和较低的应对风险能力。因此，当 N=10，30，40，60 且最优 $\epsilon=0$ 时（等价于随机规划模型），平均样本外表现分别为 378.9，377.3，371.3 和 364.9，随着 N 的增大逐渐下降。

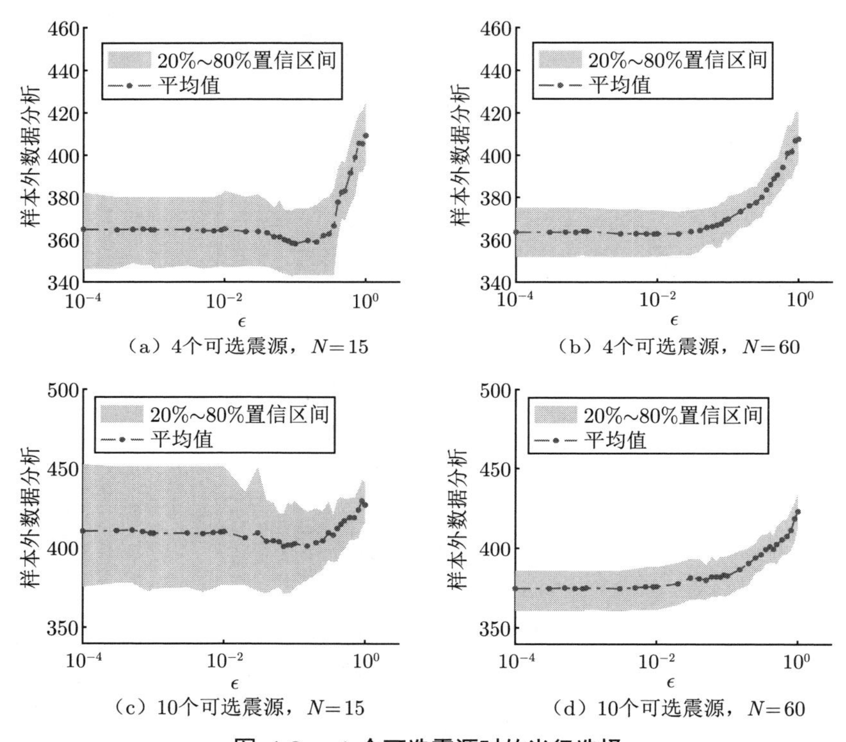

（a）4个可选震源，$N=15$　（b）4个可选震源，$N=60$

（c）10个可选震源，$N=15$　（d）10个可选震源，$N=60$

图 4.2　4 个可选震源时的半径选择

图 4.2展示了当可选震源数为 4 或 10 时的半径选择结果。结合图 4.1可知：当可选震源数增大、即模型随机性增强时，随着 ϵ 的增大，样本外表现的置信区间范围不断增加，波动性变大，分布式鲁棒模型倾向于选取更大的模糊半径来克服不确定性带来的风险。另外，当可选震源数增加时，样本外随机参数对应的目标函数 $O(\hat{\tau}(\epsilon,0.2N))$ 具有更大的平均成本，随机性带来成本期望的增幅较为显著。另外，由于所有参数均随机生成，$O(\hat{\tau}(\epsilon,0.2N))$ 并非是关于 ϵ 的光滑函数，这些误差可能是由于计算精度或随机分组等因素造成的，并不影响一般结论。

4.5.3 样本外表现

在本节中，我们将对比基于 Wasserstein 模糊集的分布式鲁棒模型（W-DRO）、基于矩信息的分布式鲁棒优化模型（M-DRO）和样本均值近似模型（SAA）。其中 Lu 等人[28] 提出的 M-DRO 模型假设各点中断风险 $\boldsymbol{\xi}$ 的联合概率分布属于一个分布模糊集，且随机变量的边缘失效概率为定值。由于中断风险 $\boldsymbol{\xi}$ 为 0-1 变量，等价于给定了随机变量的一阶矩。SAA 模型是典型的两阶段随机规划模型，在第一阶段决策选址、第二阶段决策配送，第二阶段成本等价于各中断场景下运输成本的均值，具体建模方式可参考附录 B.2。令 $N \in \{5, 10, 15, 20, 25, 30\}$，对于给定的实证数据量 N，首先利用 4.5.2节中描述的交叉验证方法确定 W-DRO 的最优模糊集半径 $\hat{\epsilon}^N_{\text{best}}$，再将 W-DRO，M-DRO 和 SAA 三种方法得到的最优选址决策 $\boldsymbol{x}$ 代入服从真实分布的 10000 个样本中，求得各样本对应的总运营成本，对比其均值、标准差和分布情况。表 4.2，表 4.3和表 4.4分别记录了当可选震源为 2 个，4 个和 10 个时，三种模型样本外表现的均值和标准差，表格中加粗的元素代表该指标在三种模型中的最小值。

表 4.2 2 个可选震源时的样本外表现

N	$\hat{\epsilon}^N_{\text{best}}$	均值			标准差		
		SAA	M-DRO	W-DRO	SAA	M-DRO	W-DRO
5	0.15	380.06	391.22	**377.81**	62.29	79.10	**54.88**
10	0.1	**368.40**	388.19	**368.40**	**51.07**	79.05	**51.07**
15	0.09	**371.49**	392.06	373.96	**51.02**	75.68	54.84
20	0.09	**375.18**	392.70	376.50	58.82	78.54	**54.26**
25	0.09	**367.61**	387.38	369.31	51.83	75.90	**48.07**
30	0.09	**366.98**	388.06	368.96	50.67	77.42	**47.30**

表 4.2显示，在可选震源为 2 个时，系统的随机性相对较小，随机规划模型 SAA 与 W-DRO 模型表现相似。除在实证数据量 $N = 5$ 时，W-DRO 的表现较好之外，SAA 在 N 值较大时的期望和方差方面，均具有更好的样本外表现。而 M-DRO 模型始终具有最大的样本外表现均值和标准差，稳定性较差。图 4.3刻画了在 $N = 15$ 时 10000 个样本外数据

的概率密度分布形式。M-DRO 在区间 [1300,1400] 中仍有取值，而其他两种方式的取值范围均在 1000 以下。另外，最优模糊集半径也随着样本数据量 N 的增大而不断降低。

表 4.3　4 个可选震源时的样本外表现

N	$\hat{\epsilon}_{\text{best}}^N$	均值			标准差		
		SAA	M-DRO	W-DRO	SAA	M-DRO	W-DRO
5	0.15	376.25	376.25	**375.56**	63.28	63.28	**53.80**
10	0.12	372.71	381.09	**368.46**	61.12	57.40	**54.04**
15	0.12	375.71	379.74	**374.01**	62.38	66.17	**61.69**
20	0.12	377.42	386.75	**376.71**	60.08	69.61	**54.13**
25	0.08	**368.77**	384.33	**368.77**	**55.09**	70.49	**55.09**
30	0.03	**371.12**	378.29	**371.12**	**54.37**	67.38	**54.37**

表 4.4　10 个可选震源时的样本外表现

N	$\hat{\epsilon}_{\text{best}}^N$	均值			标准差		
		SAA	M-DRO	W-DRO	SAA	M-DRO	W-DRO
5	0.15	378.8	406.3	**376.1**	63.3	101.0	**56.3**
10	0.15	381.4	381.4	**379.1**	64.4	64.4	**51.5**
15	0.15	376.7	378.3	**375.5**	55.2	62.0	**50.7**
20	0.12	377.2	388.2	**375.6**	55.1	71.9	**50.0**
25	0.1	380.7	390.1	**379.6**	55.6	72.2	**48.1**
30	0.08	380.5	389.7	**378.8**	55.1	71.3	**51.6**

表 4.3描述了在可选震源为 4 个时，三种模型的样本外表现情况。M-DRO 模型相对保守，期望最大且标准差较大，表现一般。SAA 模型在 N 较大时（N=25 和 30）与 W-DRO 模型具有相同的最优解和同样的样本外表现；而在 N=5，10，15，20 时，SAA 的样本外平均成本高于同等水平的 W-DRO，且具有更大的波动区间。图 4.4描述了在 $N = 15$ 时 10000 个样本外数据的概率密度分布，同表 4.3的结果相互验证。与具有两个可选震源的随机参数相比，M-DRO 的优越性得以部分显现。

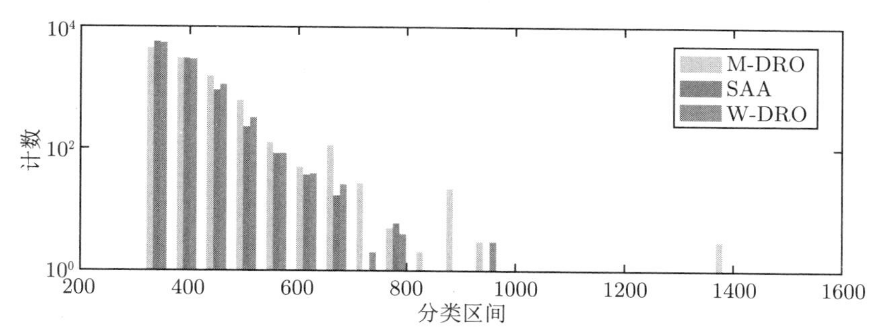

图 4.3　2 个震源中心样本外数据分布直方图

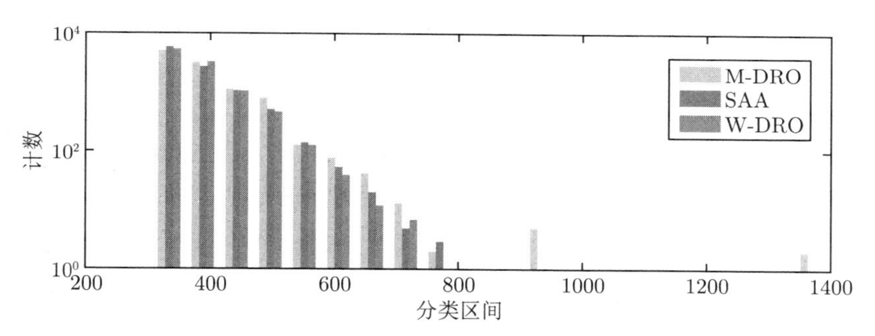

图 4.4　4 个震源中心样本外数据分布直方图

表 4.4展示了具有 10 个可选震源的样本外表现。可以发现，当 N 从 5~30 之间变动时，W-DRO 始终具有最小的样本外表现和标准差，SAA 次之，M-DRO 最差。图 4.5为在 $N = 15$ 时，10000 个样本外表现的概率密度分布，SAA 和 W-DRO 的数据全部集中在分类区间小于 800 的集合内，而 M-DRO 有多个数据点在更大的分类区间中取得。对比 SAA 和 W-DRO，当分类区间等于最小的 339.2 时，SAA 和 W-DRO 的计数量分别为 5350 和 4582；当分类区间中心为 670，725.1 和 780.2 时，SAA 的相应计数显著大于 W-DRO，因此，SAA 的样本外表现与 W-DRO 相比，更显两极分化。

综上所述，当随机参数的不确定性较小时，SAA 的样本外表现更佳；当随机参数的不确定性较大时，W-DRO 的效果最好、SAA 次之、M-DRO 最差。鉴于设施中断事件具有极端不确定性，W-DRO 模型将具有良好的应用前景。

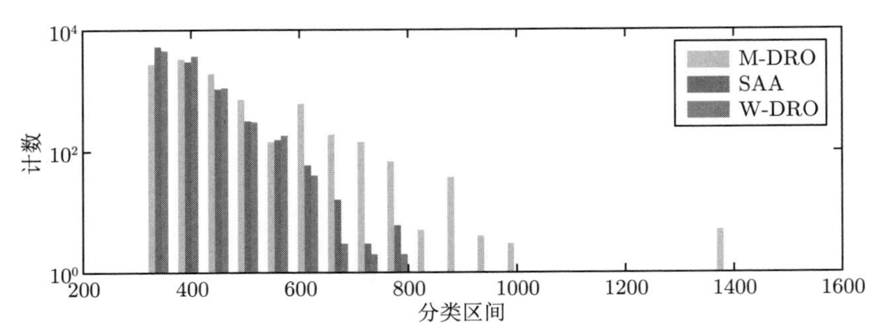

图 4.5　10 个震源中心样本外数据分布直方图

4.5.4　鲁棒模型的成本-收益分析

由于鲁棒模型仅关注最差情况，其最优解可能过于保守或者实施成本过高，产生“鲁棒的代价”[150]。为了分析本章提出的鲁棒优化模型成本和收益情况，本节沿用 Lu 等人[28] 的方法精确计算了鲁棒模型的成本和收益结果。

定义一个加权目标函数 $\psi^\gamma(\boldsymbol{x}) = \gamma\psi^1(\boldsymbol{x}) + (1-\gamma)\psi^0(\boldsymbol{x})$，其中 ψ^1 是鲁棒模型的目标函数，ψ^0 是无中断风险的鲁棒模型的目标函数。我们定义 ψ^0 为正常的运营成本，$\gamma \in [0,1]$ 为保守性系数。令 $\boldsymbol{x}^\gamma = \arg\min\{\psi^\gamma(\boldsymbol{x})\}$，即当保守系数为 γ 时的最优解；令 $\boldsymbol{x}^0$ 为无中断风险模型 (4-45) 的最优选址，即成本最低但可靠性最差的解。

$$\min \quad \sum_{j\in\mathcal{J}} f_j x_j + \sum_{i\in\mathcal{I}}\sum_{j\in\mathcal{J}} d_i c_{ij} y_{ij} \tag{4-45a}$$

$$\text{s.t.} \quad \sum_{j\in\mathcal{J}} y_{ij} = 1, \forall i \in I \tag{4-45b}$$

$$0 \leqslant y_{ij} \leqslant x_j, \forall i \in \mathcal{I}, j \in \mathcal{J} \tag{4-45c}$$

$$x_j \in \{0,1\}, j \in \mathcal{J} \tag{4-45d}$$

一个更为可靠的解 $\boldsymbol{x}^\gamma$（$\gamma > 0$）可以带来两方面的影响。一方面，它能在系统存在中断风险时减少总运营成本，等价于带来了一定的收益，用 $\boldsymbol{x}^0$ 和 $\boldsymbol{x}^\gamma$ 在鲁棒模型 (4-1) 的目标函数之差表示；另一方面，随着系统可靠性的提高，会增加在无中断风险时的运营成本，用 $\boldsymbol{x}^\gamma$ 和 $\boldsymbol{x}^0$ 在确定模型 (4-45) 的目标函数之差来表示。因此，我们分别定义鲁棒的收益和成本为

$$\text{收益} = \psi^1(\boldsymbol{x}^0) - \psi^1(\boldsymbol{x}^\gamma) \tag{4-46a}$$

$$\text{成本} = \psi^0(\boldsymbol{x}^\gamma) - \psi^0(\boldsymbol{x}^0) \tag{4-46b}$$

图 (4.6) 展示了 W-DRO 的成本-收益分析结果。不难发现，随着保守系数的增加，收益会在初期显著提升，超过 90% 的增加量会在保守因子很小时得到（如 $\gamma = 0.2$），而成本的增加则相对缓慢，收益增量与成本增量的比值超过十倍；即使考虑完全鲁棒的优化模型（$\gamma = 1$），成本与收益的比例也会超过两倍以上。

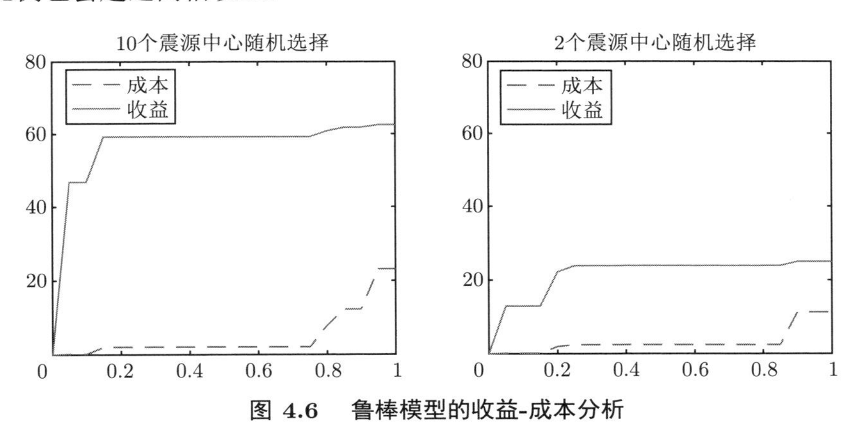

图 4.6 鲁棒模型的收益-成本分析

此外，图 4.6还对比了当可选震源为 10 个和 2 个时的成本-收益曲线，可选震源数越大，系统不确定性越大。当保守系数较小时（例如 $\gamma \leqslant 0.2$），左图（具有 10 个可选震源）的收益增加比右图（具有 2 个可选震源）更大，而成本的增量差异并不显著。当 $\gamma = 0.3$ 时，收益与成本的比值分别为 29.3 和 10；当保守系数等于 $\gamma = 0.9$ 时，左图和右图的鲁棒成本分别为 12.08 和 11.11，而收益并未显著提高，分别为 61.76 和 25；当 $\gamma = 1$，即解的稳定性最好、保守性最差时，左右两图的收益/成本值分别为 2.62 和 2.25，差异不大。

4.6 本章小结

本章考虑了具有中断风险的选址问题，并将随机中断变量的分布形式限定在 Wasserstein 模糊集内。主要贡献包括：

（1）理论贡献。第一，建立两阶段鲁棒优化模型，证明第二阶段子问题具有超模性。第二，通过问题的特殊性和有效不等式的加入，使第二阶段的混合整数最大-最小化问题重构成一个整体混合整数最大化问题。第三，证明了重构后模型的约束系数矩阵为全幺模矩阵，混合整数规划问题可以退化为线性规划。第四，证明了分布模糊集中最坏情况分布的存在性和具体求解方式，与 Lu 等人[28] 的研究结果不同的是，W-DRO 的最坏情况分布与选址决策 $\boldsymbol{x}$ 有关。

（2）算法贡献。根据问题的具体特点提出了两种分支剪界算法，分别基于最坏情况分布和最差中断场景。分支剪界算法的具体流程均可分为两部分：第一部分是对根节点的线性松弛问题加切使其目标函数收敛；第二部分是通过求解器的 lazycallback 函数，加入 Benders' 切和次模切，判断分支定界树上的整数解是否可行。结果显示，计算效率提升高达数百倍。

（3）管理建议。考虑设施中断的鲁棒优化模型能用较少的投资成本显著提高系统应对风险的能力，建议管理者在设计规划阶段将中断风险纳入优化范畴。同时，由于灾难发生为小概率事件、历史数据少，W-DRO 作为前沿的数据驱动优化方法，能充分利用极少的数据，挖掘数据背后的不确定规律，既避免了 SAA 等随机优化方法需要大量数据的弊端，又降低了基于矩信息的鲁棒模型 M-DRO 的过保守性，在考虑中断的应急救援系统选址领域具有广阔的应用前景。

在未来的研究中，可以同时考虑其他不确定性因素（如运输时间、需求等），判断多种不确定因素的耦合作用和相关性对于优化结果的影响；同时，由于 Wasserstein 模糊集可以同时考虑连续和整数变量，可以将定义 Wasserstein 距离的 1 范数改成 p 范数（$p = 1, 2, \cdots, \infty$），并设计相应的算法求解。

第 5 章　考虑需求不确定性和中断风险的救助点选址问题

在救援过程中，Gralla 等人[25] 认为效率（efficiency）、效果（effectiveness）和公平（equity）是衡量救援系统水平的三个重要因素。这三个因素分别可以用总运营成本、服务水平和物资分配的平等性来评价[151]。本章将从上述三个指标入手，建立随机规划模型，在考虑需求和供给随机性的基础上，优化救助站的选址和规模设定问题。

5.1　问题描述与建模

在建模时，考虑一个具有 I 个需求点和 J 个可选服务设施的网络结构。由于在救援过程中，往往伴随大规模灾难的爆发，整个系统将面临高度不确定性。在这里，我们将不确定性分为两部分，第一部分来自供给端、第二部分来自需求端。在衡量供给不确定时，服务设施和运输网络的中断可能会对物资的调配和运输带来巨大影响，在模型中用点和边的中断来刻画；在描述需求端的不确定性时，各个需求点由于人员总数、聚集程度、受灾强度的影响，其需求量会呈现巨大差异，本模型通过分布式鲁棒优化方法预测需求的均值和波动。

本章中的符号体系如下：

参数：

$\mathcal{I}$　需求点集合，用 $i = 1, 2, \cdots, I$ 代指序号；

$\mathcal{J}$　可选设施点集合，用 $j = 1, 2, \cdots, J$ 代指序号；

$\mathcal{L}$　可选设施种类集合，用 $l = 1, 2, \cdots, L$ 代指序号；

M_l　第 l 种可选设施的容量；

f_{jl}　在点 j 建设第 l 种可选设施的成本；

c_{ij}　需求点 i 和可选设施 j 之间的距离；

β　单位运输成本；

α　服务水平，$\alpha = 1 - \epsilon$；

θ_i　点 i 需求的均值；

M　一个比较大的正数。

随机变量：

γ_j　$[0,1]$ 之间的连续变量，设施 j 中可用容量的比例；

D_j　连续变量，点 i 的需求；

B_{ij}　0-1 随机变量，若边 (i,j) 在线则为 1，否则为 0；

决策变量：

Y_{jl}　0-1 变量，若在第 j 个设施点建立第 l 种设施则为 1，否则为 0；

X_{ij}　0-1 变量，若设施 j 服务需求点 i 则为 1，否则为 0。

Chen 等人[138] 认为，在地震等极端灾害发生时，道路和设施受损严重，用 0-1 变量衡量边的中断是比较常见的。在这里，我们用伯努利随机变量来表示边的状态，即每条边可能以一定的概率失效。与此假设相似的文章还有 Peeta 等人[139] 和 Günneç 等人[140] 的论文。

此模型与救援过程的三个原则——效率、效果和公平的对应关系如下：

（1）效率：模型是以最小化长期运营成本为目标函数的。总运营成本主要包括设施选址成本和运输成本。在救援时，成本并非最为关键的因素，所以将其设定在目标函数中，意味着运营成本是在其他具有更高优先级的约束被满足之后的优化目标，并非考虑的第一要素。

（2）效果：当需求不确定性被纳入优化范畴时，优化的难度将会增大。在大规模灾害发生时，需求可能会在瞬间达到极值，现有供给常常难于满足需求。因此对于管理者而言，在准备阶段配备足够的救援物资能够极大提高需求被满足的概率。在建模时，我们引入独立机会约束限定各点需求被满足的概率应当大于一个提前设定的服务水平（例如 95%）。

（3）公平：在供给不能满足需求时，某些受灾区域的需求可能会被忽略，从而违背公平原则。因此，在建模时，我们将覆盖比例这一定量指标纳入优化范畴，即通过独立机会约束，规定各个需求点被服务到的概率大于等于预先设定的阈值。同时，独立机会约束能够同时考虑各个点的受灾情况，减少了不同受灾点服务水平差异大的情况[79]。

除上述三个因素之外，我们在建模时还考虑了模型的鲁棒性和随机性。

（4）随机性。如前所述，我们考虑了需求端和供给端的两种不确定性。在刻画需求不确定性时，假设已知需求的均值和标准差，利用分布式鲁棒优化将随机变量限定在一个椭球集，椭球集的大小可以用来衡量随机程度；在考虑供给不确定性时，设施点和边都将面临一定概率的中断风险，我们假设失效的边缘分布，利用分布式鲁棒优化刻画随机参数，并用 0-1 随机变量表示点和边是否在线。

（5）鲁棒性。对于发生次数少、无重复的灾难来说，利用历史数据精准预测灾害场景较为困难。因而，本章采用分布式鲁棒优化的方法刻画系统不确定性。在建模时，假设随机参数的分布具有某些特征，在分布模糊集中优化可能发生的最坏情况，使系统在最坏情况下的表现不致太差。

据此，可以建立如下模型：

$$\text{P1}: \min \sum_{l\in\mathcal{L}}\sum_{j\in\mathcal{J}} f_{jl}Y_{jl} + \beta\sum_{i\in\mathcal{I}}\left(\theta_i \sum_{j\in J} c_{ij}X_{ij}\right) \tag{5-1a}$$

$$\text{s.t.}\mathbb{P}\left\{\sum_{i\in\mathcal{I}} D_i X_{ij} \leqslant \sum_{l\in\mathcal{L}} M_l Y_{jl}\gamma_j\right\} \geqslant \alpha_1, \forall j\in\mathcal{J} \tag{5-1b}$$

$$\mathbb{P}\left\{\sum_{j\in\mathcal{J}} B_{ij}X_{ij} \geqslant 1\right\} \geqslant \alpha_2, \forall i\in\mathcal{I} \tag{5-1c}$$

$$X_{ij} \leqslant \sum_{l\in\mathcal{L}} Y_{jl}, \forall i\in\mathcal{I}, \forall j\in\mathcal{J} \tag{5-1d}$$

$$\sum_{l\in\mathcal{L}} Y_{jl} \leqslant 1, \forall j\in\mathcal{J} \tag{5-1e}$$

$$Y_{jl}\in\{0,1\}, \forall j\in\mathcal{J}, \forall l\in\mathcal{L} \tag{5-1f}$$

$$X_{ij}\in\{0,1\}, \forall i\in\mathcal{I}, \forall j\in\mathcal{J} \tag{5-1g}$$

其中，约束 (5-1b) 是用来限制各点需求被满足概率的独立机会约束，我们保证所建设施在容量面临损坏风险时，仍然能以较高的概率 α 满足波动的需求。γ_j 的可选范围是 $[0,1]$，若 $\gamma_j=0$，设施点 j 将被完全损毁，所有储备资源均无法调配。约束 (5-1c) 保证即使边面临中断风险，需求点 i 也可至少被一个设施覆盖：当 $B_{ij}=1$ 时，边 (i,j) 可以通行；否则完全中断。约束 (5-1d) 保证需求点 i 只能被已经有设施建立的点 j 服务。约束 (5-1e) 意味着在每个需求点仅能有一种设施建立。约束 (5-1f) 和约束 (5-1g) 限定了决策变量只能取 0 或 1。

与第 3章的模型相比，本章用独立机会约束，而非联合机会约束来刻画需求被满足的条件，二者各有利弊：联合机会约束可以从整体上保证系统的服务水平，但现有的技术手段对其近似相对保守，可能造成资源浪费，且难于求解；独立机会约束保证每个需求点的服务水平，强调了救援的公平性，可以保证每个独立需求点的服务质量。正如 Ball 和 Lin[79] 的论文所述，在整个地理范围内考虑系统稳定性往往忽略了个体的表现，可能出现个体之间服务水平差异太大的现象。Özgün[85] 在 2018 年的研究中指出，在限制不同目标水平时，独立机会约束更为适用，而且可以针对不同个体设置不同的服务水平，满足客户的定制化需要。

5.2 模型近似

由于独立机会约束的存在，5.1节中提出的模型仍然难于求解。因此，需要重点对两个机会约束进行近似，对约束 (5-1b) 和约束 (5-1c) 的近似分别在 5.2.1节和 5.2.2节中表示。

5.2.1 需求满足约束 (5-1b) 的近似

在约束 (5-1b) 中，共有两个随机变量：需求 (D) 和设施点中断比例 (γ)。当随机变量的分布形式不同时，此约束的近似形式会产生一定差异。一般来说，若已知随机变量分布形式的更多信息，其近似结果更为精确。

命题 5.1 令 $\epsilon=1-\alpha_1$，则机会约束 (5-1b) 可以被近似为

$$\boldsymbol{X}_j^{\mathrm{T}}\boldsymbol{\mu}_D-\mu_{\gamma_j}\sum_{l\in\mathcal{L}}M_lY_{jl}+p_\alpha\sqrt{\left(\sum_{l\in\mathcal{L}}M_lY_{jl}\right)^2\sigma_{\gamma_j}^2+\boldsymbol{X}_j^{\mathrm{T}}\boldsymbol{\Gamma}X_j}\leqslant 0 \quad (5\text{-}2)$$

其中，$p_\alpha = \begin{cases} \sqrt{\dfrac{1-\epsilon}{\epsilon}}, \text{若随机变量服从随机分布} \\ \sqrt{\dfrac{1}{2\epsilon}}, \text{若随机变量服从对称分布且} \epsilon \in (0, 0.5] \\ \sqrt{\dfrac{2}{9\epsilon}}, \text{若随机变量服从单峰对称分布且} \epsilon \in (0, 0.5] \end{cases}$

证明　令 $\boldsymbol{\xi}^{\mathrm{T}} = (\gamma_j, -D_i, \cdots, -D_I)$，$\boldsymbol{w}^{\mathrm{T}} = \left(\sum\limits_{l \in \mathcal{L}} M_l Y_{jl}, X_{1j}, \cdots, X_{Ij}\right)$，机会约束 (5-1b) 可以被写成矩阵形式 $\mathbb{P}\{\boldsymbol{\xi}^{\mathrm{T}}\boldsymbol{w} \geqslant 0\} \geqslant \alpha$。定义一个辅助随机变量 $\boldsymbol{Y} = 2\boldsymbol{\mu}^{\mathrm{T}} - \boldsymbol{\xi}^{\mathrm{T}}$，则 $\boldsymbol{Y}^{\mathrm{T}}\boldsymbol{w}$ 与 $\boldsymbol{\xi}^{\mathrm{T}}\boldsymbol{w}$ 具有同样的均值和协方差矩阵。根据 Popescu[152] 的研究, 可知 $\mathbb{P}\{\boldsymbol{\xi}^{\mathrm{T}}\boldsymbol{w} \geqslant 0\}$ 在如下三种情况下有三个可行上界：

- 若 $\boldsymbol{\xi}$ 服从任意分布，则

$$\mathbb{P}\left\{\boldsymbol{Y}^{\mathrm{T}}\boldsymbol{w} - \boldsymbol{\mu}^{\mathrm{T}}\boldsymbol{w} > \boldsymbol{\mu}^{\mathrm{T}}\boldsymbol{w}\right\} \leqslant \begin{cases} \dfrac{\boldsymbol{w}^{\mathrm{T}}\boldsymbol{\Sigma}\boldsymbol{w}}{\boldsymbol{w}^{\mathrm{T}}\boldsymbol{\Sigma}\boldsymbol{w} + (\boldsymbol{\mu}^{\mathrm{T}}\boldsymbol{w})^2}, & \boldsymbol{\mu}^{\mathrm{T}}\boldsymbol{w} \geqslant 0 \\ 1, & \text{其他情况} \end{cases}$$

- 若 $\boldsymbol{\xi}$ 服从对称分布，则

$$\mathbb{P}\left\{\boldsymbol{Y}^{\mathrm{T}}\boldsymbol{w} - \boldsymbol{\mu}^{\mathrm{T}}\boldsymbol{w} > \boldsymbol{\mu}^{\mathrm{T}}\boldsymbol{w}\right\} \leqslant \begin{cases} \dfrac{1}{2}\min\left\{1, \dfrac{\boldsymbol{w}^{\mathrm{T}}\boldsymbol{\Sigma}\boldsymbol{w}}{(\boldsymbol{\mu}^{\mathrm{T}}\boldsymbol{w})^2}\right\}, & \boldsymbol{\mu}^{\mathrm{T}}\boldsymbol{w} \geqslant 0 \\ 1, & \text{其他情况} \end{cases}$$

- 若 $\boldsymbol{\xi}$ 服从单峰对称分布，则

$$\mathbb{P}\left\{\boldsymbol{Y}^{\mathrm{T}}\boldsymbol{w} - \boldsymbol{\mu}^{\mathrm{T}}\boldsymbol{w} > \boldsymbol{\mu}^{\mathrm{T}}\boldsymbol{w}\right\} \leqslant \begin{cases} \dfrac{1}{2}\min\left\{1, \dfrac{4}{9}\dfrac{\boldsymbol{w}^{\mathrm{T}}\boldsymbol{\Sigma}\boldsymbol{w}}{(\boldsymbol{\mu}^{\mathrm{T}}\boldsymbol{w})^2}\right\}, & \boldsymbol{\mu}^{\mathrm{T}}\boldsymbol{w} \geqslant 0 \\ 1, & \text{其他情况} \end{cases}$$

其中，$\boldsymbol{\Sigma} = \left(\begin{array}{c:ccc} \sigma_{\gamma_j}^2 & 0 & \cdots & 0 \\ \hdashline 0 & & & \\ \vdots & & \boldsymbol{\Gamma} & \\ 0 & & & \end{array}\right)$ 代表 $\boldsymbol{\xi}$ 的协方差矩阵。

由于 $\mathbb{P}\left(\boldsymbol{\xi}^{\mathrm{T}}\boldsymbol{w} - \boldsymbol{\mu}^{\mathrm{T}}\boldsymbol{w} < -\boldsymbol{\mu}^{\mathrm{T}}\boldsymbol{w}\right) = \mathbb{P}\left(-\boldsymbol{\xi}^{\mathrm{T}}\boldsymbol{w} > 0\right) = \mathbb{P}\left(\boldsymbol{\xi}^{\mathrm{T}}\boldsymbol{w} < 0\right) =$

$1-\mathbb{P}\left(\boldsymbol{\xi}^{\mathrm{T}}\boldsymbol{w}\geqslant 0\right)$，当 $\boldsymbol{\xi}$ 服从任意分布时，

$$\begin{aligned}\mathbb{P}\left(\boldsymbol{\xi}^{\mathrm{T}}\boldsymbol{w}-\boldsymbol{\mu}^{\mathrm{T}}\boldsymbol{w}<-\boldsymbol{\mu}^{\mathrm{T}}\boldsymbol{w}\right)<&\frac{\boldsymbol{w}^{\mathrm{T}}\boldsymbol{\Sigma}\boldsymbol{w}}{\boldsymbol{w}^{\mathrm{T}}\boldsymbol{\Sigma}\boldsymbol{w}+(\boldsymbol{\mu}^{\mathrm{T}}\boldsymbol{w})^2},\\ 1-\mathbb{P}\left(\boldsymbol{\xi}^{\mathrm{T}}\boldsymbol{w}\geqslant 0\right)<&\frac{\boldsymbol{w}^{\mathrm{T}}\boldsymbol{\Sigma}\boldsymbol{w}}{\boldsymbol{w}^{\mathrm{T}}\boldsymbol{\Sigma}\boldsymbol{w}+(\boldsymbol{\mu}^{\mathrm{T}}\boldsymbol{w})^2},\\ \mathbb{P}\left(\boldsymbol{\xi}^{\mathrm{T}}\boldsymbol{w}\geqslant 0\right)\geqslant&1-\frac{\boldsymbol{w}^{\mathrm{T}}\boldsymbol{\Sigma}\boldsymbol{w}}{\boldsymbol{w}^{\mathrm{T}}\boldsymbol{\Sigma}\boldsymbol{w}+(\boldsymbol{\mu}^{\mathrm{T}}\boldsymbol{w})^2}\end{aligned}$$

因此，式 $1-\dfrac{\boldsymbol{w}^{\mathrm{T}}\boldsymbol{\Sigma}\boldsymbol{w}}{\boldsymbol{w}^{\mathrm{T}}\boldsymbol{\Sigma}\boldsymbol{w}+(\boldsymbol{\mu}^{\mathrm{T}}\boldsymbol{w})^2}\geqslant 1-\epsilon$ 是式 (5-1b) 的一个有效近似，可以被改写为

$$\boldsymbol{\mu}^{\mathrm{T}}\boldsymbol{w}-\sqrt{\frac{1-\epsilon}{\epsilon}}\sqrt{\boldsymbol{w}^{\mathrm{T}}\boldsymbol{\Sigma}\boldsymbol{w}}\geqslant 0 \tag{5-3}$$

可以通过把随机变量 $\boldsymbol{\xi}$ 和 $\boldsymbol{w}$ 代入式 (5-3) 来获取不等式 (5-2)。另外两种分布情况下的近似情况与随机分布时的结果相似，命题得证。 □

5.2.2 覆盖范围约束 (5-1c) 的近似

在对覆盖范围约束 (5-1c) 进行近似时，由于突发紧急时间具有高度随机性，本书首先假设道路中断变量 B_{ij} 的预测信息仅能依靠如下两个变量体现，即

（i） p_j^i：边（i，j）的中断概率，即 $\mathbb{P}_G\left(B_{ij}=1\right)=p_j^i$；

（ii） p_{kj}^i：边（i，j）和边（i，k）同时中断的概率，即 $\mathbb{P}_G(B_{ik}=1\cap B_{ij}=1)=p_{kj}^i$。

定义约束 (5-1c) 的左侧概率 $P_i(x)=\mathbb{P}\left[\sum\limits_{j\in\mathcal{J}}B_{ij}X_{ij}\geqslant 1\right]$，由于 B 为 0-1 变量，$P_i(x)=\mathbb{P}\left[\bigcup\limits_{j\in\mathcal{J}}\{B_{ij}X_{ij}\geqslant 1\}\right]$。在已知伯努利变量 B_{ij} 的边缘分布和两点相关的（pairwise）边缘分布时，定义分布模糊集 $\mathcal{D}$ 如下：

$$\mathcal{D}=\left\{G:\begin{array}{l}\mathbb{P}_G\left(B_{ij}=1\right)=p_j^i\\ \mathbb{P}_G\left(B_{ik}=1\cap B_{ij}=1\right)=p_{kj}^i\end{array}\right\}$$

根据独立机会约束的定义，无论随机变量 $\boldsymbol{B}$ 的分布 $G\in\mathcal{D}$ 取何值，都需要保证每个受灾点的需求被满足的概率不小于 α_2，即 $\mathbb{P}_G\Big[\bigcup\limits_{j\in\mathcal{J}}\{B_{ij}X_{ij}\geqslant$

$1\}\Big] \geqslant \alpha_2, \forall G \in \mathcal{D}$。因此，约束式 (5-1b) 等价于 $\min\limits_{i\in\mathcal{I}} p_i(x) \geqslant \alpha_2$，即

$$\min_{G\in\mathcal{D}} \left\{ \mathbb{P}_G \left[\bigcup_{j\in\mathcal{J}} \{B_{ij}X_{ij} \geqslant 1\} \right] \right\} \geqslant \alpha_2 \tag{5-4}$$

令

$$\varPhi_j^i(t) = \max_{l=1,2,\cdots,J-1} \left\{ \frac{2p_j^i}{l+1} - \frac{t}{l(l+1)} \right\} \tag{5-5}$$

为了得到约束 (5-1c) 的线性近似条件，首先利用引理 5.1的结论证明 $\min\limits_{i\in\mathcal{I}} p_i(x)$ 的最优解与函数 $\varPhi(\cdot)$ 有关（详见引理 5.2）；然后再由定理 5.1得到其线性近似。

引理 5.1　若 $J \geqslant 2$ 且 $a \geqslant b \geqslant 0$，则如下线性规划 (5-6)

$$\min \sum_{j\in\mathcal{J}} y_j/j \tag{5-6a}$$

$$\text{s.t.} \sum_{j\in\mathcal{J}} y_j = a \tag{5-6b}$$

$$\sum_{j\in\mathcal{J}} (j-1)\, y_j = b \tag{5-6c}$$

$$y_j \geqslant 0, \forall j \in \mathcal{J} \tag{5-6d}$$

的最优解是

$$\max_{i=1,2,\cdots,J-1} \left\{ \frac{2a}{i+1} - \frac{b}{i\,(i+1)} \right\}$$

证明　参考 Ahamed 等人[153] 和 Kuai 等人[154] 的研究。□

引理 5.2　对于任意需求点 $i \in \mathcal{I}$ 的左侧项来说，式 (5-4) 为

$$\min_{G\in\mathcal{D}} \left\{ \mathbb{P}_G \left[\bigcup_{j\in\mathcal{J}} \{B_{ij}X_{ij} \geqslant 1\} \right] \right\} = \sum_{j\in\mathcal{J}\setminus\{j\}} \varPhi_j^i \left(\sum_{k\in\mathcal{J}} p_{kj}^i X_{ik} \right) X_{ij}$$

证明　根据 Kuai 等人[154] 的研究，函数 $\min\limits_{G\in\mathcal{D}} \Big\{ \mathbb{P}_G \Big[\bigcup\limits_{j\in\mathcal{J}} \{B_{ij}X_{ij} \geqslant 1\}\Big]\Big\}$ 等价于如下线性约束的最优解：

$$\min \sum_{k\in\mathcal{J}} \sum_{j\in\mathcal{J}} y_{kj}/k \tag{5-7a}$$

$$\text{s.t.} \sum_{k\in\mathcal{J}} y_{kj} = p_j^i X_{ij}, \quad \forall j \in \mathcal{J} \tag{5-7b}$$

$$\sum_{k\in\mathcal{J}}(k-1)\,y_{kj}=\sum_{k\in\mathcal{J}}p_{kj}^{i}X_{ik}X_{ij},\quad \forall j\in\mathcal{J} \tag{5-7c}$$

$$y_{kj}\geqslant 0,\quad \forall k\in\mathcal{J},\forall j\in\mathcal{J} \tag{5-7d}$$

结合引理 5.1的结论和规划模型 (5-7) 按照 j 的可拆分性，可得 $\sum\limits_{j\in\mathcal{J}\setminus\{j\}}\varPhi_j^i\left(\sum\limits_{k\in\mathcal{J}}p_{kj}^iX_{ik}\right)X_{ij}$，引理得证。 □

定理 5.1 式 (5-4) 可以被满足下列约束 (5-8a)∼ 约束 (5-8g) 的变量 (λ, v, w, w', x) 组成的线性集合近似：

$$\sum_{j\in\mathcal{J}}w_{ij}'\geqslant\alpha_2,\quad \forall i\in\mathcal{I} \tag{5-8a}$$

$$w_{ij}'\leqslant\sum_{\iota=1}^{J-1}\left(\frac{2p_j^i}{\iota+1}\right)\lambda_{ij\iota}-\left(\sum_{\iota=1}^{J-1}\sum_{k\in\mathcal{J}\setminus\{j\}}\frac{p_{kj}^i}{\iota(\iota+1)}v_{ijk\iota}\right),\quad \forall i\in\mathcal{I},j\in\mathcal{J} \tag{5-8b}$$

$$0\leqslant w_{ij}'\leqslant p_j^iX_{ij},\quad \forall i\in\mathcal{I},j\in\mathcal{J} \tag{5-8c}$$

$$0\leqslant\lambda_{ij\iota}-v_{ijk\iota}\leqslant(1-X_{ik}),\quad \forall i\in\mathcal{I},\forall j\in\mathcal{J},\ k\in\mathcal{J}\setminus\{j\},\iota=1,2,\cdots,J-1 \tag{5-8d}$$

$$v_{jk\iota}\leqslant X_{ik},\quad \forall i\in\mathcal{I},\forall j\in\mathcal{J},k\in\mathcal{J}\setminus\{j\},\iota=1,2,\cdots,J-1 \tag{5-8e}$$

$$\sum_{\iota=1}^{J-1}\lambda_{ij\iota}=1,\quad \forall i\in\mathcal{I},j\in\mathcal{J} \tag{5-8f}$$

$$\lambda_{ij\iota}\geqslant 0,\quad \forall i\in\mathcal{I},j\in\mathcal{J},\iota=1,2,\cdots,J-1 \tag{5-8g}$$

证明 令 $c_{ij\iota}=\left(2p_j^i\right)/(\iota+1)$，$d_{j\iota}(t)=t/\left(\iota\left(\iota+1\right)\right)$。将 $c_{ij\iota}$ 和 $d_{j\iota}$ 代入 $\varPhi_j^i(t)$ 的定义式 (5-5) 中，$\varPhi_j^i(t)$ 可以被改写为

$$\max\left\{\sum_{\iota=1}^{J-1}\lambda_{ij\iota}\left(c_{ij\iota}-d_{j\iota}\left(t\right)\right):\sum_{\iota=1}^{J-1}\lambda_{ij\iota}=1;\lambda_{ij\iota}\geqslant 0,\forall\iota=1,2,\cdots,J-1\right\}$$

结合引理 5.2，可得式 (5-4) 等价于

$$\sum_{j\in\mathcal{J}}\varPhi_j^i\left(\sum_{k\in\mathcal{J}\setminus\{j\}}p_{kj}^iX_{ik}\right)X_{ij}\geqslant\alpha_2,\quad \forall i\in\mathcal{I}$$

为了进一步近似 $\sum\limits_{j\in\mathcal{J}}\phi_j^i(\sum\limits_{k\in\mathcal{J}\setminus\{j\}}p_{kj}^iX_{ik})X_{ij}$，引入决策变量 w'_{ij}，用约束 (5-8a)、约束 (5-8c) 和如下非线性约束对上式进行近似：

$$w'_{ij}\leqslant\sum_{\iota=1}^{J-1}\left(\frac{2p_j^i}{\iota+1}\right)\lambda_{ij\iota}-\left(\sum_{\iota=1}^{J-1}\sum_{k\in\mathcal{J}\setminus\{j\}}\frac{p_{kj}^iX_{ik}\lambda_{ij\iota}}{\iota(\iota+1)}\right),\quad\forall i\in\mathcal{I},j=1\in\mathcal{J}$$

最后，为了避免模型出现非线性项，引入辅助决策变量 $v_{ijk\iota}$、约束 (5-8d) 和约束 (5-8e)，将非线性项 $\lambda_{ij\iota}X_{ik}$ 线性化，并得到约束 (5-8b)。 □

5.2.3　模型 P1 的整体近似

根据 5.2.1节和 5.2.2节的结论，模型 P1 可以被改写为如下混合整数二次锥规划问题 P2：

$$\text{P2}:\quad\min\sum_{l\in\mathcal{L}}\sum_{j\in\mathcal{J}}f_{jl}Y_{jl}+\beta\sum_{i\in\mathcal{I}}\left(\theta_i\sum_{j\in\mathcal{J}}c_{ij}X_{ij}\right)\tag{5-9a}$$

$$\text{s.t.}\quad 式(5\text{-}1d)\sim式(5\text{-}1g),式(5\text{-}2),式(5\text{-}8a)\sim式(5\text{-}8g)\tag{5-9b}$$

5.3　求解算法

由于近似后的模型是一个混合整数二次锥规划问题，为了求解该问题，我们提出相应的外逼近（OA）算法。如 3.4.2节所述，OA 算法是一类求解混合整数非线性规划问题的精确求解算法，详细步骤参考附录 A。在本节中，首先在 5.3.1节给出经典的 OA 算法流程；然后在 5.3.2节描述基于分支定界的 OA 算法的具体实现方法。

5.3.1　迭代的 OA 算法

首先，在命题 5.2中证明本章提出的 MINLP 的松弛问题是凸优化问题。

命题 5.2　定义函数

$$\varPhi\Big(\sum_{l\in L}M_lY_{lj},\boldsymbol{X}_j,t_j\Big)=\sqrt{\left(\sum_{l\in L}M_lY_{lj}\right)^2\sigma_{\gamma_j}^2+\boldsymbol{X}_j^{\mathrm{T}}\boldsymbol{\Gamma}\boldsymbol{X}_j}-t_j,$$

则$\varPhi\Big(\sum\limits_{l\in L}M_lY_{lj},\boldsymbol{X}_j,t_j\Big)$ 的线性松弛项为凸函数。其中，t_j 是定义在 $\mathbb{R}$ 上

的辅助决策变量。

证明 由于线性函数均是凸优化问题，只需证明非线性项同样是凸的。定义 $\boldsymbol{\Gamma}$ 为随机变量的协方差矩阵。由于协方差矩阵总是半正定矩阵，根据 Cholesky 分解原理，矩阵 $\boldsymbol{\Gamma}$ 总能写成关于某个矩阵 $\boldsymbol{A}$ 的乘积形式 $\boldsymbol{\Gamma}=\boldsymbol{A}\boldsymbol{A}^{\mathrm{T}}$。因此，模型的第一项可以改写为

$$\sqrt{\left(\sum_{l\in L}M_lY_{lj}\right)^2\sigma_{\gamma_j}^2+\boldsymbol{X}_j^{\mathrm{T}}\boldsymbol{\Gamma}\boldsymbol{X}_j}=\sqrt{\left(\sum_{l\in L}M_lY_{lj}\right)^2\sigma_{\gamma_j}^2+\boldsymbol{X}_j^{\mathrm{T}}\boldsymbol{A}\boldsymbol{A}^{\mathrm{T}}\boldsymbol{X}_j}$$

令 $\boldsymbol{N}_j^{\mathrm{T}}=\boldsymbol{X}_j^{\mathrm{T}}\boldsymbol{A}$、$\boldsymbol{N}_j^{\mathrm{T}*}=\left(N_{1j},N_{2j},...,N_{Ij},\left(\sum\limits_{l\in L}M_lY_{lj}\right)\sigma_{\gamma_j}\right)$，可得

$$\sqrt{\left(\sum_{l\in L}M_lY_{lj}\right)^2\sigma_{\gamma_j}^2+\boldsymbol{X}_j^{\mathrm{T}}\boldsymbol{\Gamma}\boldsymbol{X}_j}=||\boldsymbol{N}_j^{\mathrm{T}*}||$$

其中，$||\cdot||$ 代表向量的欧几里得（Euclidean）距离，对于任意向量 $\boldsymbol{N}_{1j}^{\mathrm{T}*}$ 和 $\boldsymbol{N}_{2j}^{\mathrm{T}*}$ 而言，三角不等式成立，即

$$||\lambda\boldsymbol{N}_{1j}^{\mathrm{T}*}+(1-\lambda)\,\boldsymbol{N}_{2j}^{\mathrm{T}*}||\leqslant||\lambda\boldsymbol{N}_{1j}^{\mathrm{T}*}||+||\,(1-\lambda)\,\boldsymbol{N}_{2j}^{\mathrm{T}*}||$$

上述不等式同时证明了函数 $\varPhi(\cdot)$ 的凸性，命题得证。 □

在证明了凸性之后，可以写出模型 P2 对应的初始解、主问题 $\hat{\mathrm{MP}}$ 和子问题 $\hat{\mathrm{SP}}$。

5.3.1.1 初始解

由于模型 P2 的任何可行解均可看作 OA 算法的初始解，因此，我们给定一个较为保守的可行解：首先选定储存能力最大的可选设施规模 l^*，再令 $j^*=\arg\min\{f_{jl^*}\}$，即

$$Y_{jl}^0=\begin{cases}1 & 若 j=j^*, l=l^*\\ 0 & 在其他情况下\end{cases},\quad X_{ij}^0=\begin{cases}1 & 若 j=j^*, \forall i\in\mathcal{I}\\ 0 & 在其他情况下\end{cases}$$

5.3.1.2 子问题

当固定问题 P2 中的整数变量时，SP 变成一个非线性规划问题，且仅与连续变量有关。令 ($\tilde{\boldsymbol{X}}^h$，$\tilde{\boldsymbol{Y}}^h$) 为在第 h 次迭代时 MP 的最优解。在传统的 OA 算法中，由于非线性规划问题难于求解，SP 时常为计算瓶颈。然而，在模型 P2 中，约束 (5-2) 的非线性项可以由整数变量的值表达出来，即

$$\tilde{t}_j^h = \sqrt{\left(\sum_{l\in\mathcal{L}} \boldsymbol{M_l}\tilde{\boldsymbol{Y}}_{\boldsymbol{lj}}^h\right)^2 \sigma_{\gamma_j}^2 + (\tilde{\boldsymbol{X}}_j^h)^{\mathrm{T}}\boldsymbol{\Gamma}\tilde{\boldsymbol{X}}_j^h} \tag{5-10}$$

因而，本问题的 OA 算法不用计算较难求解的 SP，可以直接代入取值。代入 $(\tilde{\boldsymbol{X}}^h, \tilde{\boldsymbol{Y}}^h)$ 之后，若非线性约束被满足，即 $(\tilde{\boldsymbol{X}}_j^h)^{\mathrm{T}}\boldsymbol{\mu}_D - \mu_{\gamma_j}\left(\sum\limits_{l\in\mathcal{L}} \boldsymbol{M_l}\tilde{\boldsymbol{Y}}_{\boldsymbol{lj}}^h\right) + p_\alpha\tilde{t}_j^h \leqslant 0$，则当前返回值为可行解，可以得到原问题的一个上界。

5.3.1.3　主问题

由于 $\sum\limits_{l\in\mathcal{L}} Y_{lj} = 1$ 仅有 0-1 取值，其和的平方可以转化为平方和，从而去掉交叉项，简化求解。该性质在引理 5.3中证明。

引理 5.3　由于 Y_{lj} 是 0-1 变量且 $\sum\limits_{l\in\mathcal{L}} Y_{lj} = 1\ \forall j \in \mathcal{J}$，则

$$\left(\sum_{l\in\mathcal{L}} M_l Y_{lj}\right)^2 = \sum_{l\in\mathcal{L}} (M_l Y_{lj})^2 \tag{5-11}$$

证明　如果 $Y_{jl} = 0, \forall l \in L$，则式 (5-11) 显然成立；如果 $Y_{jl} = 1, \forall l \in L$，则必然存在一个 $j^* \in \mathcal{J}$ 有 $Y_{jl^*} = 1$ 且 $Y_{jl} = 0, \forall l \neq l^*$。又因为 0 和 1 的平方仍为它本身，可得 $\left(\sum\limits_{l\in\mathcal{L}} M_l Y_{lj}\right)^2 = (M_l Y_{l^*j})^2 = \sum\limits_{l\in\mathcal{L}} (M_l Y_{lj})^2$，引理得证。　□

OA 切通过主问题 $\hat{\mathrm{MP}}$ 的最优解 $\tilde{\boldsymbol{X}}^h$，$\tilde{\boldsymbol{Y}}^h$ 和 $\tilde{\boldsymbol{t}}^h$ 得到，命题 5.3给出了非线性约束 (5-2) 的线性有效不等式。

命题 5.3　约束 (5-2) 在第 h 次迭代中的 OA 切为

$$\boldsymbol{X}_j^{\mathrm{T}}\boldsymbol{\mu}_D - \mu_{\gamma_j}\sum_{l\in\mathcal{L}} M_l Y_{lj} + p_\alpha t_j \leqslant 0, \forall j = 1, 2, \cdots, J \tag{5-12}$$

$$\sigma_{\gamma_j}^2 \sum_{l\in\mathcal{L}} \boldsymbol{M_l}\tilde{\boldsymbol{Y}}_{\boldsymbol{lj}}^h \sum_{l\in\mathcal{L}} M_l Y_{lj} + (\tilde{\boldsymbol{X}}_j^h)^{\mathrm{T}}\boldsymbol{\Gamma}\boldsymbol{X}_j - \tilde{t}_j^h t_j \leqslant 0, \forall j = 1, 2, \cdots, J \tag{5-13}$$

证明　利用辅助决策变量 t_j 代替约束 (5-2) 中的非线性项，可知约束 (5-2) 等价于

$$\boldsymbol{X}_j^{\mathrm{T}}\boldsymbol{\mu}_D - \mu_{\gamma_j}\sum_{l\in\mathcal{L}} M_l Y_{lj} + p_\alpha t_j \leqslant 0, \forall j = 1, 2, \cdots, J \tag{5-14}$$

$$t_j \geqslant \sqrt{\left(\sum_{l\in\mathcal{L}} M_l Y_{lj}\right)^2 \sigma_{\gamma_j}^2 + \boldsymbol{X}_j^{\mathrm{T}} \boldsymbol{\Gamma} X_j}, \forall j = 1, 2, \cdots, J \tag{5-15}$$

由于第一个约束 (5-14) 为线性约束，只有不等式 (5-15) 为非线性约束，因此，只需求得约束 (5-15) 的线性近似。根据命题 5.2，$\Phi\left(\sum\limits_{l\in\mathcal{L}} M_l Y_{lj}, \boldsymbol{X}_j, t_j\right) = \sqrt{\left(\sum\limits_{l\in\mathcal{L}} M_l Y_{lj}\right)^2 \sigma_{\gamma_j}^2 + \boldsymbol{X}_j^{\mathrm{T}} \boldsymbol{\Gamma} \boldsymbol{X}_j} - t_j$ 为凸函数，对其求一阶泰勒展开式可得

$$\begin{aligned} &\Phi\left(\sum_{l\in\mathcal{L}} M_l \tilde{Y}_{lj}^h, \tilde{\boldsymbol{X}}_j^h, \tilde{t}_j\right) + \\ &\nabla\Phi\left(\sum_{l\in\mathcal{L}} M_l \tilde{Y}_{lj}^h, \tilde{\boldsymbol{X}}_j^h, \tilde{t}_j\right)^{\mathrm{T}} \begin{bmatrix} \sum\limits_{l\in\mathcal{L}} M_l Y_{lj} - \sum\limits_{l\in\mathcal{L}} M_l \tilde{Y}_{lj}^h \\ \boldsymbol{X}_j^h - \tilde{\boldsymbol{X}}_j^h \\ t_j - \tilde{t}_j^h \end{bmatrix} \\ \leqslant &\Phi\left(\sum_{l\in\mathcal{L}} M_l Y_{lj}, \boldsymbol{X}_j, t_j\right) \leqslant 0, \end{aligned}$$

其中，

$$\begin{aligned} &\nabla\Phi\left(\sum_{l\in\mathcal{L}} M_l {\tilde{Y}_{lj}}^h, \tilde{\boldsymbol{X}}_j^h, \tilde{t}_j\right)^{\mathrm{T}} \\ =&\left[\frac{\sigma_{\gamma_j} \sum\limits_{l\in\mathcal{L}} M_l \tilde{Y}_{lj}^h}{\sqrt{\left(\sum\limits_{l\in\mathcal{L}} M_l \tilde{Y}_{lj}^h\right)^2 \sigma_{\gamma_j}^2 + \tilde{\boldsymbol{X}}_j^h \boldsymbol{\Gamma} \tilde{\boldsymbol{X}}_j^h}}, \frac{\tilde{\boldsymbol{X}}_j^h \boldsymbol{\Gamma}}{\sqrt{\left(\sum\limits_{l\in\mathcal{L}} M_l {\tilde{Y}_{lj}}^h\right)^2 \sigma_{\gamma_j}^2 + \tilde{\boldsymbol{X}}_j^h \boldsymbol{\Gamma} \tilde{\boldsymbol{X}}_j^h}}, -1\right] \end{aligned}$$

根据定义，$\tilde{t}_j^h = \sqrt{\left(\sum\limits_{l\in\mathcal{L}} M_l {\tilde{Y}_{lj}}^h\right)^2 \sigma_{\gamma_j}^2 + (\tilde{\boldsymbol{X}}_j^h)^{\mathrm{T}} \boldsymbol{\Gamma} \tilde{\boldsymbol{X}}_j^h}$，上述不等式可以进一步化简为 $\sigma_{\gamma_j}^2 \left(\sum\limits_{l\in\mathcal{L}} M_l {\tilde{Y}_{lj}}^h\right)\left(\sum\limits_{l\in\mathcal{L}} M_l Y_{lj}\right) + (\tilde{\boldsymbol{X}}_j^h)^{\mathrm{T}} \boldsymbol{\Gamma} \boldsymbol{X}_j - \tilde{t}_j^h t_j \leqslant 0$，与式 (5-15) 相同，命题得证。 □

综上所述，OA 算法的主问题（$\hat{\text{MP}}$）汇总为

$$
\begin{aligned}
\hat{\text{MP}}:\min\quad & \eta, \\
\text{s.t.}\quad & \eta \geqslant \sum_{j\in\mathcal{J}}\sum_{l\in\mathcal{L}} M_l Y_{jl} + \beta \sum_{i\in\mathcal{I}}\left(\theta_i \sum_{j\in J} c_{ij} X_{ij}\right) && \text{(5-16a)} \\
& \eta < UB^h - \varepsilon && \text{(5-16b)} \\
& \eta, t_j \in \mathbb{R}, \forall j = 1,2,\cdots,J && \text{(5-16c)} \\
& \text{式 (5-1d)} \sim \text{式 (5-1g)}, \text{式 (5-8a)} \sim \text{式 (5-8g)}, \\
& \text{式 (5-12)}, \text{式 (5-13)}
\end{aligned}
$$

其中，约束 (5-16a) 和约束 (5-16b) 保证 $\hat{\text{MP}}$ 的在第 h 次迭代中的目标函数不能大于当前所获得的最优上界，ε 是一个较小的容差。

Benders 分解是一类求解混合整数线性规划的精确算法[157]，由于 $\hat{\text{MP}}$ 属于典型的混合整数线性规划，在求解该问题时，我们嵌套使用 Benders 分解方法，从而使求解效率进一步提高。根据 Fletcher 等人提出的 ε-最优框架，当 $\hat{\text{MP}}$ 不可行时，停止迭代，得到原问题的 ε-最优解，具体步骤如算法 5所示。

算法 5 OA 算法

输入： $\tilde{X}_{ij}^0, \tilde{Y}_j^0, \tilde{N}_j^0$：整数变量 X_{ij} 和 Y_j 的初始解

LB^0：初始下界，等于 $-\infty$；UB^0：初始上界，等于 ∞

$\mathbb{K}$：最大迭代次数

算法流程：

1: **for** $h = 1 : \mathbb{K}$ **do**

2: 　在给定整数变量 $\tilde{X}_{ij}^h$，$\tilde{Y}_j^h$ 时，计算连续变量 $\tilde{t}_j^h$ 的值

3: 　**if** 若约束 $(\tilde{\boldsymbol{X}}_j^h)^{\mathrm{T}}\boldsymbol{\mu}_D - \mu_{\gamma_j}\tilde{N}_j^h + p_\alpha \tilde{t}_j^h \leqslant 0, \forall j$ 成立 **then**

4: 　　则当前解为可行解，更新问题上界 $UB^h = \sum\limits_{j\in\mathcal{J}}\left\{f_j\tilde{Y}_j^h + a_j\tilde{N}_j^h\right\} + \beta\sum\limits_{i\in\mathcal{I}}\left(\theta_i\sum\limits_{j\in J} c_{ij}\tilde{X}_{ij}^h\right) + W\sum\limits_{j\in\mathcal{J}}\sum\limits_{i\in\mathcal{I}_j}\theta_i\tilde{X}_{ij}^h$

5: 　**else**

6: 　　令 $UB^h = UB^{h-1}$

7: 　**end if**

8: 　构建 OA 切 (5-12) 和 (5-13)，求解 $\hat{\text{MP}}$，获得整数变量 $\tilde{X}_{ij}^h$，$\tilde{Y}_j^h$ 和 $\tilde{N}_j^h$ 的最优解，令当前下界 LB^h 等于 MP 的目标函数值

9: **if** 若 MP 不可行 **then**
10: 停止迭代并返回当前解
11: **end if**
12: **end for**

5.3.2 基于分支剪界的 OA 算法

5.3.1节提出的 OA 算法同样可以通过分支剪界的方式实现。如前所述，lazycallback 是在分支定界过程中遇到整数节点才考虑的切，用以判断当前整数点是否可行，这些切是模型所必需的。在求解大规模 MILP 时，将一些必要约束以切的形式写在函数中，可以在问题的初始阶段简化模型、加速求解。基于分支剪界的 OA 算法汇总如算法 6所示。具体实现方式主要包含两部分：根节点（5.3.2.1 节）和分支定界树（5.3.2.2 节）。

算法 6 基于分支剪界的 OA 算法

1: **利用循环求解根节点线性松弛问题**。令 $\tilde{X}_{ij}^0, \tilde{Y}_j^0$ 分别为 X_{ij} 和 Y_j 的初始解（可以为小数）；LB^0 为初始下界，等于 $-\infty$；$\mathbb{K}$ 为最大迭代次数
2: **for** $h = 1 : \mathbb{K}$ **do**
3: 在给定变量 $\tilde{X}_{ij}^h$ 和 $\tilde{Y}_j^h$ 时，计算连续变量 $\tilde{t}_j^h$ 的值
4: 构建 OA 切 (5-12) 和 (5-13)，求解 $\hat{\text{MP}}$，获得变量 $\tilde{X}_{ij}^h$ 和 $\tilde{Y}_j^h$ 的最优解。令当前下界 LB^h 等于 $\hat{\text{MP}}$ 的目标函数值
5: **if** $(\text{LB}^h - \text{LB}^{h-1}) \geqslant 1$ **then**
6: 停止迭代并返回当前解
7: **end if**
8: **end for**
9: **将已加入切的线性 MP 转化为混合整数线性规划问题**
10: 将 OA 切 (5-12) 和 (5-13) 写入 lazycallback
11: 求解器自动调用 lazycallback 求解问题至最优，得到原问题 (5-9) 的最优解

5.3.2.1 根节点

在进行分支剪界时，模型在每个根节点求解原 MILP 的一个线性松弛问题，得到一个下界。由于模型 (5-9) 的线性松弛问题（LP）在命题 5.2中被证明是凸的，OA 切对线性松弛问题仍然成立。因此，可以通过与算法 5类似的循环方式，在根节点对线性松弛问题不断加入 OA 切，从而使其下界的增幅收敛。然后，再将 LP 转化为 MILP，进入分支剪界流程。

5.3.2.2　分支剪界树

在将根节点上的 LP 问题求解到收敛后，我们把已经加入部分 OA 切的线性规划问题转换为混合整数规划，再用求解器自带的分支剪界方式求解。由于当前模型并非等价于原始模型，问题所求得的整数解不一定为模型 (5-9) 的可行解。在分支剪界时，若当前节点恰为整数节点，可以自动触发提前在 lazycallback 中写入的 OA 切 (5-12) 和 (5-13)，从而验证该整数节点是否可行。这样的分支剪界方式避免了人工撰写循环，实现起来更为方便。

5.4　数 值 实 验

本节通过数值实验验证模型和算法的有效性。5.4.1节中主要对比求解器和 OA 算法的计算效率，并对三种机会约束 (5-1b) 的近似方法及其仿真结果进行对比；5.4.2节对模型输入的参数进行了灵敏度分析，根据解的变化得到相应的管理学建议；5.4.3节对比了鲁棒优化模型和基于场景的随机规划模型的求解效果，分别验证效率、效果和公平三个因素在模型中的表现；5.4.4节把考虑需求和中断风险的分布式鲁棒优化模型和确定性模型进行了对比，并汇总了鲁棒优化的收益和成本。

所有算法均在 Linux Ubuntu 18.04 操作系统调用 Cplex 12.8 实现，在一台具有 3.1 GHz Intel(R) Core(TM) i5-2400 处理器和 16GB 内存的台式机上运行。每个算例均是单线程运行的，计算时间的上限被设为 7200s，算法结束的可容忍误差为 0.1%。表 5.1对比了三种算法的运算效率和规定时间内求到最优解的比例。

5.4.1　算法性能分析

本节的主要目的是验证 OA 算法的计算效率和求解效果。假设所有的需求点和设施点全部均匀分布在一个 10×10 的方格内，按照 Rawls 和 Turnquist[13]，Zhang 和 Li[55]，Liu 等人[56] 的研究，生成如下随机参数：

f_l　五类可选设施的建造成本分别为 $f_1 = 50$, $f_2 = 100$, $f_3 = 200$, $f_4 = 250$, $f_5 = 300$；若 $L = 3$，选取第 1，3，5 类设施。

M_l　五类可选设施的建造成本分别为 $M_1=100$，$M_2=300$，$M_3=500$，$M_4=700$，$M_5=1000$；若 $L=3$，选取第 1，3，5 类设施。

β　等于 5。

θ_i　在区间 [0.1,5] 生成。

γ_j　代表设施点失效概率的随机变量，均值在 $[0.85,1]$ 随机生成。变异系数为 0.2，标准差为均值与变异系数的乘积。

D_j　代表需求的随机变量，均值在 [0.1,50] 生成，标准差在 [2,4] 生成。

B_{ij}　代表边是否有效的伯努利随机变量，边失效概率的均值为 $[0,0.5]$ 的随机数。

表 5.1　算法性能分析

I	J	L	运行时间			成功求解比例		
			Cplex	OA	B&C OA	Cplex	OA	B&C OA
10	10	3	6.0	2.7	2.2	100%	100%	100%
10	10	5	6.8	3.6	2.3	100%	100%	100%
10	15	3	29.3	10.6	7.2	100%	100%	100%
10	15	5	29.6	12.6	8.4	100%	100%	100%
10	20	3	178.0	49.6	69.2	100%	100%	100%
10	20	5	198.6	97.9	78.1	100%	100%	100%
20	10	3	57.9	7.1	15.4	100%	100%	100%
20	10	5	204.8	19.1	91.1	100%	100%	100%
20	15	3	581.1	57.2	250.9	100%	100%	100%
20	15	5	558.4	57.7	201.2	100%	100%	100%
20	20	3	3007.8	263.7	1060.2	100%	100%	100%
20	20	5	5212.3	403.4	4702.3	40%	100%	40%
30	10	3	251.6	23.7	123.8	100%	100%	100%
30	10	5	1605.0	46.3	670.9	100%	100%	100%
30	15	3	1972.5	113.7	706.5	100%	100%	100%
30	15	5	6092.7	154.6	2494.7	20%	100%	100%
30	20	3	7200	499.9	6147.6	0%	100%	80%
30	20	5	7200	686.7	6851.9	0%	100%	20%

我们按照可选需求点数 I、可选设施数 J，以及设施类别数 L 给定了 18 组不同的问题规模，对同一规模问题随机生成五个算例，用 Cplex 和 5.3.1节

介绍的 OA 算法和 5.3.2节介绍的基于分支剪界的 OA 算法（B&C OA）求解，对比三种算法的计算时间和在规定时间内求得最优解的比例。其中，I 的可选范围是 10，20，30，J 的可选范围是 10，15，20，L 的可选范围是 3 和 5。Cplex 12.7 提供了自动实现 Benders 分解算法的选项，在实现 5.3.1节介绍的 OA 算法时，本书利用 cplex.setParam(IloCplex::Param::Benders::Strategy, IloCplex::BendersFull) 实现了 Benders 分解。由于商业求解器的 Lazycallback 与 Benders 模块不兼容，在 B&C OA 算法中并未使用 Benders 分解。

表 5.1展示了不同问题规模下 Cplex 直接求解和 OA 算法的运行结果，其中运行时间以秒为单位，成功求解比例为该规模下随机生成的 5 组算例在 7200s 内得到最优解的比例。与 Cplex 相比，OA 算法的运算时间大大缩小，如 $I=30$，$J=20$，$L=5$ 时，Cplex 无法在 7200s 内求解全部五组算例，而 OA 则在 686.7s 内得到最优解。对于两种 OA 算法的不同实现形式而言，循环的 OA 实现方式在大多数情况下快于 B&C OA，在问题规模很小时（如 $I=10$，$J=10$或15，$L=3$或5）时，B&C OA 略快于循环的 OA 算法。

如前所述，当随机变量的分布信息不同时，命题 5.1对机会约束 (5-1b) 的近似程度不同。由于三种近似的唯一区别在于式 (5-2) 中的 p_α 值，定义 $p_\alpha^1=\sqrt{(1-\epsilon)/\epsilon}$，$p_\alpha^2=\sqrt{1/2\epsilon}$，$p_\alpha^3=\sqrt{2/9\epsilon}$。表 5.2汇总了三种机会约束近似方式的对比结果。随着 p_α 的减少，近似的保守程度逐渐降低，系统的整体运营成本逐渐减少。虽然建造的设施数量差距不明显，但不同种类的设施数量变化显著，可提供的总库存逐级递减。同时，p_α^3 的总建造成本虽然只占 p_α^1 的 54.8%，但设施建造成本占总成本的比例则从 44% 增加到 65.9%。

图 5.1直观地展示了当 $I=J=15$，$L=3$ 时的选址结果。黑点代表需求点的位置，被红色圆圈标记的点处已有设施建立，红色圆圈边的粗细代表了设施的可用库存。当 $p_\alpha=p_\alpha^1$ 时，建立库存限制为 1000 的设施 4 个、库存限制为 200 的设施 2 个、库存限制为 50 的设施 3 个；而当 $p_\alpha=p_\alpha^3$ 时，则倾向于建立一个具有 1000 库存容量的设施，进而有更多的小型设施以服务周边需求，使保守性和建造成本大大降低。

表 5.2　三种机会约束近似方式的对比

p_α	p_α^1	p_α^2	p_α^3
平均运营成本	1176.39	1117.20	1075.17
设施总数	9	8	9
可提供库存总量	1550	1100	850
总建造成本	690	580	560
运输成本	486.39	537.20	515.17

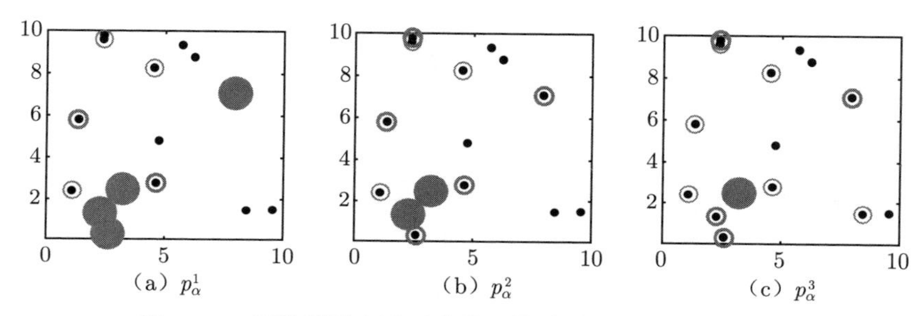

（a）p_α^1　（b）p_α^2　（c）p_α^3

图 5.1　三种近似方法对应的最优选址决策（前附彩图）

成本的减少会带来可靠性的降低，表 5.3通过蒙特卡罗仿真的方式从随机参数的不确定集生成外生的 10000 个数据，计算各设施点能满足需求的概率和需求被覆盖的概率，具体计算方法详见 5.4.3节。表 5.3中的第 2~4 列从供给层面验证了系统稳定性，分别对应 15 个可选设施点能够满足所有需求的概率。随着 p_α 的减小，约束 (5-1b) 满足的概率逐渐变小。表 5.3的第 6~8 列则从需求层面衡量了系统稳定性，代表了各个需求被覆盖的比例，三种近似方式差异不大，均保持在一个较高水平。

表 5.3　三种近似方式的系统可靠性分析

设施点序号	设施能够满足所有需求的比例			需求点序号	需求点能够被覆盖的比例		
	p_α^1	p_α^2	p_α^3		p_α^1	p_α^2	p_α^3
1	1	1	0.9926	1	0.9967	0.9985	0.9983
2	0.9998	0.9999	0.9917	2	0.9984	0.9994	0.9986
3	1	1	1	3	0.9964	0.9976	0.9956
4	1	0.9999	0.9996	4	0.9962	0.9988	0.9977
5	0.9922	0.9949	0.992	5	0.9988	0.9995	0.9981

续表

设施点序号	设施能够满足所有需求的比例			需求点序号	需求点能够被覆盖的比例		
	p_α^1	p_α^2	p_α^3		p_α^1	p_α^2	p_α^3
6	1	1	1	6	0.9964	0.9973	0.9958
7	1	0.9998	0.9998	7	0.9986	0.9989	0.9979
8	1	1	1	8	0.9983	0.9986	0.9981
9	1	1	0.9998	9	0.9983	0.9988	0.9986
10	0.9997	0.9999	0.9927	10	0.9991	0.9991	0.9985
11	1	1	1	11	0.9972	0.9975	0.9954
12	0.9931	0.9952	0.9932	12	0.998	0.9988	0.9978
13	1	1	1	13	0.9958	0.9974	0.9951
14	1	0.9998	0.9998	14	0.9987	0.9995	0.9986
15	0.9927	0.9953	0.9942	15	0.9986	0.9994	0.9975

5.4.2　灵敏度分析

本节主要对单位运输成本 β、设施种类选择 L 和设施容量 M 进行灵敏度分析。在分析时控制其他参数一致。图 5.2、图 5.3和图 5.4 中的虚线代表了系统总运营成本，条形图描绘了建造设施成本或建造设施数。

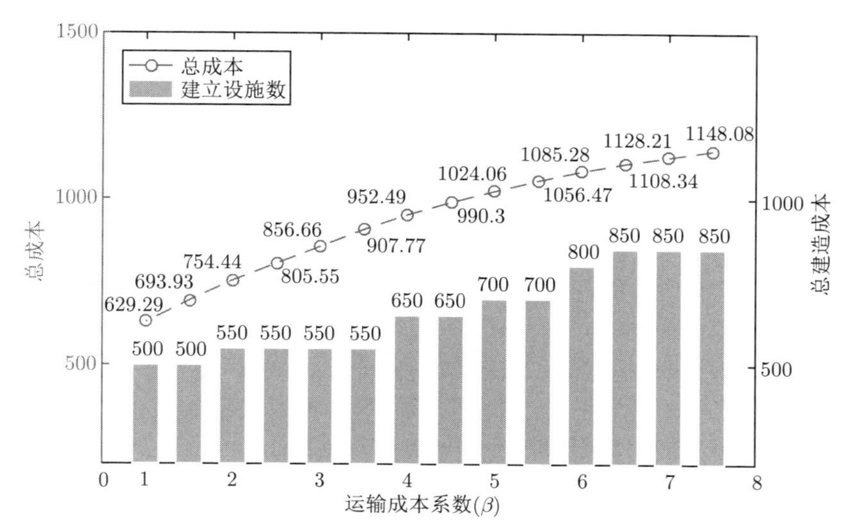

图 5.2　对运输成本 (β) 的灵敏度分析

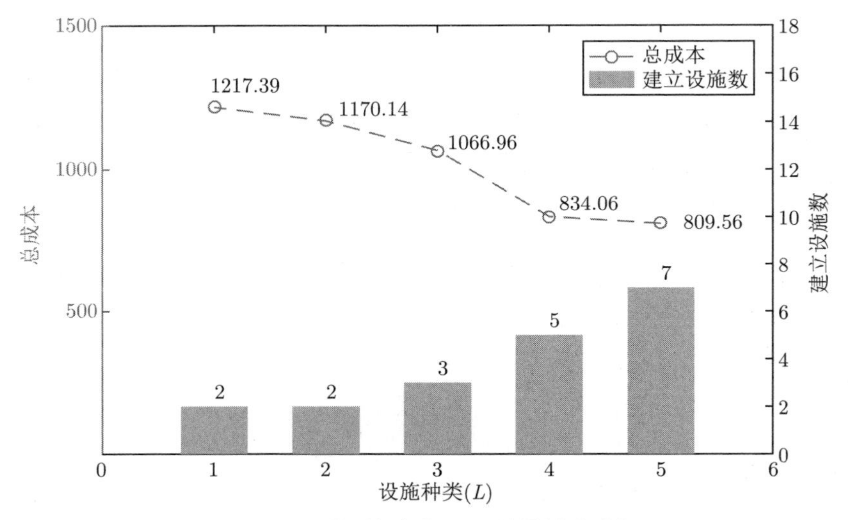

图 5.3 对设施种类 (L) 的灵敏度分析

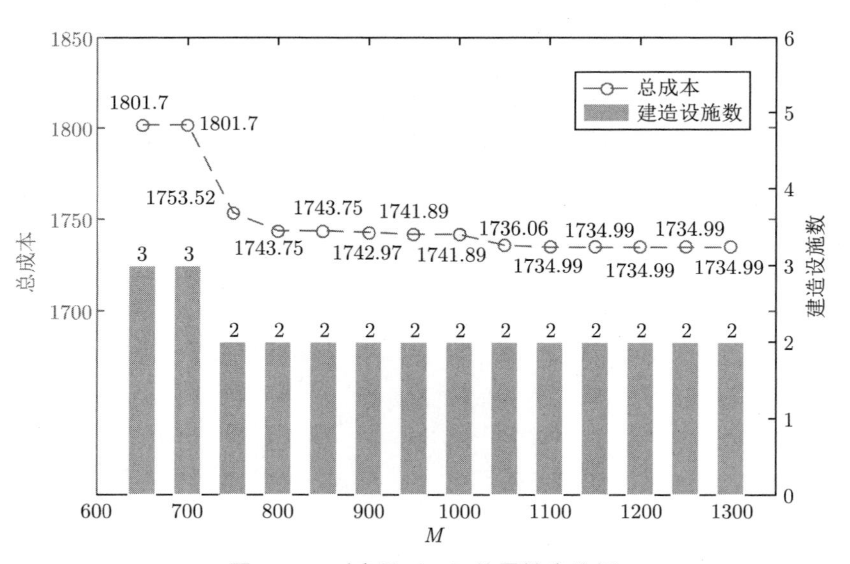

图 5.4 对容量 (M) 的灵敏度分析

5.4.2.1 对单位运输成本 β 的灵敏度分析

图 5.2展示了运输成本 β 对于系统的总运营成本和设施建造成本的影响。不难发现，随着单位运输成本的升高，两类成本均逐渐递增，且增

幅逐渐变缓。当 $\beta = 1$ 时，仅建立两个容量较大的设施点；而当 $\beta = 10$ 时，共建立 8 个设施点，包含多个小型服务中心，用来快速满足周边需求、减少运输成本。因此，对于单位运输成本较高的行业（如冷链配送等），管理者可以通过建立多个中小型服务设施来降低输成本。

5.4.2.2　对设施种类 L 的灵敏度分析

图 5.3描述了设施种类 L 对总成本和建立设施数的影响。当可选设施数量增加时，总成本逐渐降低。这是由于可选设施的种类决定了最大库存容量，随着选择范围的增加，管理者可以通过数学优化方法决策出最优建造组合、减少剩余库存的浪费。但是，L 的提高会增加运算的复杂度和求解时间，需要权衡计算效率和运营成本之间的关系。

5.4.2.3　对设施容量 M 的灵敏度分析

图 5.4展示了设施容量 M 对成本和建造数量的影响，所有数值实验均在 $L = 1$ 时完成。设施容量限制了救援物资的最大库存量，若 M 较小，则需建立更多数目的设施来满足用户需求，相应地，模型的建造成本也会较大。对管理者而言，在设施容量较小时，增大扩容投资很有可能在较大程度上降低总运营成本（如图 5.4中 M 从 700 增加至 750）；而对于容量已经较大的设施来说，增大容量对成本的影响不够显著（如图 5.4中 M 从 1100 增加至 1300 时，总成本并未产生变化）。

5.4.3　模型效果对比

初始模型 P1 的决策变量主要可以分为两类，一类是战略性的选址决策 (Y_{jl})，另一类是在随机参数的值确定后的分配决策 (X_{ij})。我们将对带有机会约束的鲁棒模型和基于场景的随机规划模型（详见附录 B.3）进行对比，从本章最初提出的效率、效果和公平三个角度出发，对比模型在不同实证数据集下的表现。

首先，利用蒙特卡罗仿真方法在随机参数不确定集合中生成 S（例如 10000）个可能的取值 $(\boldsymbol{D}^s, \boldsymbol{\gamma}^s, \boldsymbol{B}^s)$，其中 $s = 1, 2, \cdots, S$。

其次，定义鲁棒模型和随机规划模型的最优选址决策分别为 Y_{jl}^R 和 Y_{jl}^S，分配决策分别为 X_{ij}^R 和 X_{ij}^S。求解鲁棒和随机模型，得到相应的 Y_{jl}^R 和 Y_{jl}^S，作为输入。假设输入的选址决策为 Y_{jl}^*，输入的随机变量为

$(\hat{D}_i, \hat{\gamma}_j, \hat{B}_{ij})$，求解如下模型，得到 X_{ij}^*。

$$\min \quad \varrho_1 \sum_{i\in\mathcal{I}} \left(\frac{\theta_i \beta \sum_{j\in\mathcal{J}} c_{ij} X_{ij}}{H_i} \right) + \varrho_2 \sum_{j\in\mathcal{J}} \tilde{R}_{1j} + \varrho_3 \sum_{i\in\mathcal{I}} R_{2i} \tag{5-17a}$$

$$\text{s.t.} \quad \sum_{i\in\mathcal{I}} \hat{D}_i X_{ij} \leqslant \sum_{l\in\mathcal{L}} M_L Y_{jl}^* \hat{\gamma}_j + R_{1j}, \forall j \in \mathcal{J} \tag{5-17b}$$

$$R_{1j} \leqslant M \tilde{R}_{1j}, \forall j \in \mathcal{J} \tag{5-17c}$$

$$\sum_{j\in\mathcal{J}} \hat{B}_{ij} X_{ij} + R_{2i} \geqslant 1, \forall i \in \mathcal{I} \tag{5-17d}$$

$$X_{ij} \leqslant \sum_{l\in\mathcal{L}} Y_{jl}^*, \forall i \in \mathcal{I}, \forall j \in \mathcal{J} \tag{5-17e}$$

$$X_{ij}, \forall i \in \mathcal{I}, j \in \mathcal{J} \tag{5-17f}$$

$$R_{1j} \geqslant 0, \tilde{R}_{1j} \in \{0,1\}, \forall j \in \mathcal{J} \tag{5-17g}$$

$$R_{2i} \geqslant 0, \forall i \in \mathcal{I} \tag{5-17h}$$

其中，$H_i = \theta_i \beta c_i^{\max}$，$c_i^{\max} = \max\limits_{j\in\mathcal{J}}\{c_{ij}\}$，$R_1 \in \mathbb{R}^J$ 和 $R_2 \in \mathbb{R}^I$ 分别为原问题机会约束 (5-1b) 和约束 (5-1c) 对应的松弛变量（slack variable）。若 $R = 0$，则原始约束成立，否则，约束不成立。新模型 (5-17) 中的目标函数共包含三项，第一项为归一化后的运输成本，第二项和第三项分别为两类松弛变量的惩罚成本，$\boldsymbol{\varrho} \in [0,1]^3$ 为加权系数，三者和为 1，$\varrho_1 + \varrho_2 + \varrho_3 = 1$。在目标函数中引入松弛变量的目的是尽量减少约束不能被满足的情况，提高系统服务水平和公平性。若第一类机会约束不满足，即式 (5-17b) 的松弛变量值大于 0，则在目标函数中添加一项惩罚因子 $\tilde{R}_{1j} \in \{0,1\}$，约束 (5-17c) 表示了 $\tilde{R}_{1j}$ 和 R_{1j} 之间的关系。

然后，若 X_{ijs}，$\tilde{R}_{1js}$，R_{2is} 为在场景 s 中模型 (5-17) 的最优解，定义三类衡量效率、效果和公平的指标 $\rho_1 \in \mathbb{R}$，$\rho_2 \in \mathbb{R}^J$ 和 $\rho_3 \in \mathbb{R}^I$。其中，系统的效率用平均运营成本表示，即

$$\rho_1 = \frac{1}{S} \sum_{s=1}^{S} \sum_{i\in\mathcal{I}} \varrho_1 \left(\theta_i \beta \sum_{j\in\mathcal{J}} c_{ij} X_{ijs} + \sum_{j\in\mathcal{J}} \sum_{l\in\mathcal{L}} f_{jl} Y_{jl}^* \right) \tag{5-18}$$

系统效果用服务水平约束被满足的概率表示：对于一个设施 j 来说，计

算在 S 组随机参数中约束 (5-17b) 被满足的概率，即

$$\rho_{2j} = 1 - \frac{\sum_{s=1}^{S} I(\tilde{R}_{1j} > 0)}{S} \tag{5-19}$$

其中，$I(\cdot)$ 为指示函数，若括号中的条件成立则为 1，否则为 0。类似地，定义约束 (5-17d) 中需求点 i 被覆盖的概率为

$$\rho_{3i} = 1 - \frac{\sum_{s=1}^{S} I(R_{2i} > 0)}{S} \tag{5-20}$$

最后，分别计算平均成本 (ρ_1)，各设施点 j 的服务满足情况 (ρ_2)、各个需求点 i 的被覆盖情况 (ρ_3)。若三个目标同权，即 $\varrho_1 = \varrho_2 = \varrho_3 = 1/3$ 时，基于场景的随机规划模型（ScB）和鲁棒优化模型（DRM）的平均成本分别为：1297.723 和 1464.637。服务水平和覆盖比例结果汇总在表 5.4中。

表 5.4　服务效果和公平性的蒙特卡罗仿真结果

评价指标	服务效果			公平性		
	计算方法	ScB	DRM	计算方法	ScB	DRM
系统稳定性	$\prod_{j\in\mathcal{J}} \rho_{2j}$	0.8840	0.9883	$\prod_{i\in\mathcal{I}} \rho_{3i}$	0.5289	0.8913
各点均值	$\mathbb{E}_{j\in\mathcal{J}}[\rho_{2j}]$	0.9919	0.9992	$\mathbb{E}_{i\in\mathcal{I}}[\rho_{3i}]$	0.9585	0.9924
各点标准差	$\text{std}_{j\in\mathcal{J}}[\rho_{2j}]$	0.0108	0.0013	$\text{std}_{i\in\mathcal{I}}[\rho_{3i}]$	0.0089	0.0010

表 5.4的第 2~4 列描述了设施点满足所有需求的比例。从个体层面来看，ScB 和 DRM 均可以保持较高的服务水平，但是 ScB 各点服务水平的标准差为鲁棒模型的 10 倍左右，波动较大；从系统整体稳定性来看，假设各点需求被满足的事件相互独立，DRM 所有需求同时被满足的概率高达 0.9883，而 ScB 系统的系统整体服务水平为 0.8840。表 5.4的第 5~8 列对比了公平性指标，即需求被覆盖的比例。不难发现，无论从个体层面还是整体层面，相较于 ScB，DRM 均保持较高的公平水平，且波动更小。综上所述，在运营成本方面，ScB 具有一定的优势；但结合救援系统的特点来说，救援的服务质量和公平原则应当更受关注。

5.4.4 鲁棒模型的成本-收益分析

模型 P1 考虑了多种参数随机性，与确定性模型相比可能出现运营成本过高的情况[150]。为了定量化计算鲁棒模型的成本与收益，采用 Lu 等人[28] 的方法，建立两目标优化模型，优化的两个目标分别为 $\psi^R(\boldsymbol{Y},\boldsymbol{X}_R)=\sum\limits_{j\in\mathcal{J}}\sum\limits_{l\in\mathcal{L}}Y_{jl}+\beta\sum\limits_{i\in\mathcal{I}}\sum\limits_{j\in\mathcal{J}}\theta_i c_{ij}X_{ij}^R$ 和 $\psi^F(\boldsymbol{Y},\boldsymbol{X}_F)=\sum\limits_{j\in\mathcal{J}}\sum\limits_{l\in\mathcal{L}}Y_{jl}+\beta\sum\limits_{i\in\mathcal{I}}\sum\limits_{j\in\mathcal{J}}\theta_i\cdot c_{ij}X_{ij}^F$，其中 $\psi^R(\boldsymbol{Y},\boldsymbol{X}_R)$ 代表鲁棒模型、$\psi^F(\boldsymbol{Y},\boldsymbol{X}_F)$ 代表确定性模型，如式 (5-21) 所示。

$$\psi^F(\boldsymbol{Y},\boldsymbol{X}^F)=\min \quad \sum_{l\in L}\sum_{j\in\mathcal{J}}f_{jl}Y_{jl}+\beta\sum_{i\in\mathcal{I}}\left(\theta_i\sum_{j\in\mathcal{J}}c_{ij}X_{ij}\right) \tag{5-21a}$$

$$\sum_{i\in\mathcal{I}}\hat{D}_iX_{ij}\leqslant\sum_{l\in\mathcal{L}}M_lY_{jl}\hat{\gamma}_j,\forall j\in\mathcal{J} \tag{5-21b}$$

$$\sum_{j\in\mathcal{J}}\hat{B}_{ij}X_{ij}\geqslant 1,\forall i\in\mathcal{I} \tag{5-21c}$$

$$\text{式(5-1d)}\sim\text{式(5-1g)}$$

注：$(\hat{D}_i,\hat{B}_{ij},\hat{\gamma}_j)$ 为一组固定的随机参数可能取值。

在联合优化时，双目标模型的目标函数为 $\varPsi^\gamma(\boldsymbol{x},\boldsymbol{X}_R,\boldsymbol{X}_F)=\gamma\psi^R(\boldsymbol{Y},\boldsymbol{X}_R)+(1-\gamma)\psi^F(\boldsymbol{Y},\boldsymbol{X}_F)$，$\gamma\in[0,1]$ 为鲁棒系数，描述了模型的保守水平；约束组合包含了模型 (5-21) 和模型 (5-9) 的所有约束；变量包括第一阶段选址决策 $\boldsymbol{Y}$、鲁棒模型的分配决策 $\boldsymbol{X}_R$、固定模型的分配决策 $\boldsymbol{X}_F$。定义当保守系数为 γ 时的最优解为 $(\boldsymbol{Y}^\gamma,\boldsymbol{X}_R^\gamma,\boldsymbol{X}_F^\gamma)=\arg\min\{\psi^\gamma(\boldsymbol{Y},\boldsymbol{X}_R,\boldsymbol{X}_F)\}$。鲁棒模型的成本和收益定义为

$$\text{成本}=\psi^F(\boldsymbol{Y}^\gamma,\boldsymbol{X}_R^\gamma,\boldsymbol{X}_F^\gamma)-\psi^F(\boldsymbol{Y}^0,\boldsymbol{X}_R^0,\boldsymbol{X}_F^0) \tag{5-22a}$$

$$\text{收益}=\psi^R(\boldsymbol{Y}^0,\boldsymbol{X}_0^1,\boldsymbol{X}_0^1)-\psi^R(\boldsymbol{Y}^\gamma,\boldsymbol{X}_R^\gamma,\boldsymbol{X}_F^\gamma) \tag{5-22b}$$

对于一个鲁棒水平为 γ 的解来说，一方面，若系统无任何随机性，$(\boldsymbol{Y}^\gamma,\boldsymbol{X}_R^\gamma,\boldsymbol{X}_F^\gamma)$ 会比不考虑随机性的最优解带来更大的系统运营成本，成本提高量为 (5-22a) 所示；另一方面，若系统存在随机性，鲁棒模型的解相对于固定模型的解，会节约 (5-22b) 右端值大小的成本，也就是相当于模型的收益。

图 5.5显示，在鲁棒水平很小时，鲁棒模型的收益增长十分显著，收益约为成本的 146 倍；随着鲁棒水平的提高，成本和收益均有所提高，系统收益仍然显著高于成本，两者比值大约为 8.47。

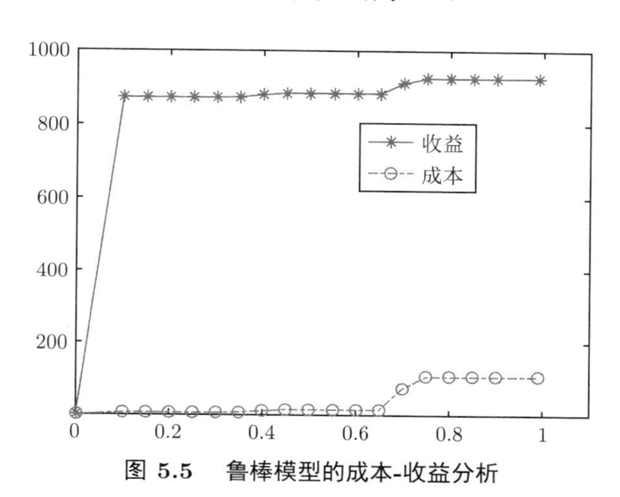

图 5.5　鲁棒模型的成本-收益分析

5.4.5　实证数据中的表现

Rawls 和 Turnquist[13] 统计了美国受飓风影响的东南沿海地区被飓风袭击的历史数据，搜集整理了墨西哥湾附近的 30 个节点和 56 条边组成的救援网络。实证案例的其他参数将在附录 C中展示。图 5.6展示了实证数据集中的选址结果。其中圆点代表小规模设施、菱形代表中等规模设施、方块代表大规模设施，三角代表可能的飓风登陆点。

表 5.5展示了鲁棒优化模型 (5-9) 和随机规划模型 (B-4) 的蒙特卡罗仿真结果：根据表 C.2中记录的飓风历史数据，随机生成 10000 个可能的飓风场景，在给定随机变量值和相应的选址决策后，对两类模型的需求满足率和总成本进行对比。当需求的惩罚因子更小时，蒙特卡罗仿真的结果更差，因此，我们选择单位惩罚成本等于 4000 的算例作为随机规划模型（ScB）的代表，与鲁棒优化模型（DRM）进一步比较。

图 5.7显示了 ScB 的最优解，符号标记方式与图 5.6一致，其中单位需求未被满足的惩罚成本为 4000（惩罚成本为其他值时的解在附录 C中展示）。

表 5.5 蒙特卡罗仿真结果

	单位惩罚系数	需求满足率	总成本
随机规划	1000	0.3395	6307560.4
	2000	0.5233	5541920.3
	4000	0.8894	5480059.9
鲁棒优化	-	0.8759	5215789.0

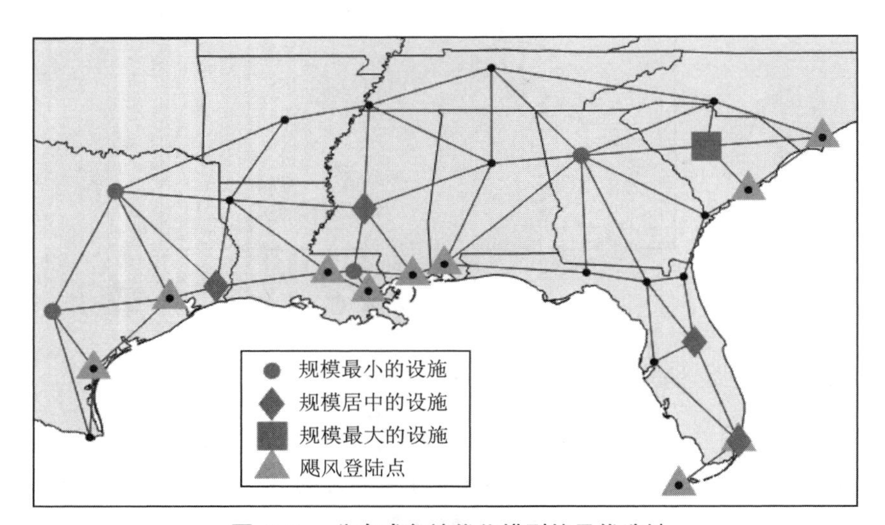

图 5.6 分布式鲁棒优化模型的最优选址

由图 5.6和图 5.7可知，二者的选址策略大致相同，只存在细微差别。首先，DRM 除在佛罗里达州的迈阿密（Miami）这一可能的飓风登陆点建立设施之外，其余设施均在无飓风登陆的内陆点建立，且设施选址大多在临近登陆点的交通枢纽。而 ScB 则在路易斯安那州的巴吞鲁日（Baton Rouge）、密西西比州的比克洛西（Biloxi）和佛罗里达州的迈阿密三个易受飓风影响的地区建立服务设施，在该点发生飓风时，会造成巨大的运输成本。其次，DRM 只建立了 1 个大规模设施，中、小规模设施的个数均为 4 个，而 ScB 选择建立 4 个大规模、1 个中规模和 5 个小规模设施。在整体建造成本上，ScB 为 1410282.81，DRM 为 999232.59，前者为后者的 141.1%，会花费更多的预算。最后，在用蒙特卡罗仿真验证系统稳定性时，由表 5.5可知，二者需求被满足的比例大致相同（仅差 0.01）；而在运输成本上，ScB 则多耗费了 6% 的成本。综上所述，分布式鲁棒优化的解在极端飓风场景上具有更高的服务满足概率和较小的运营成本。

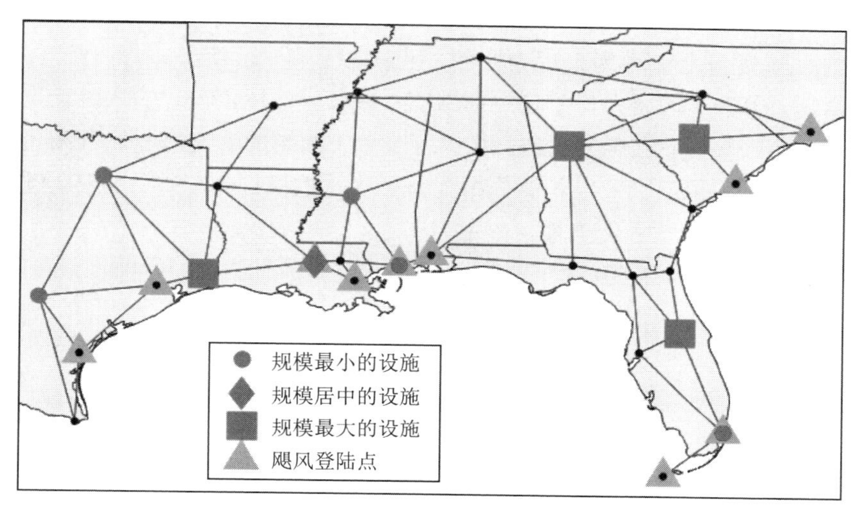

图 5.7　随机规划模型的最优选址

5.5　本章小结

本章在应急救援系统中考虑了多种形式的不确定性，包括随机需求、随机道路中断，以及随机可用库存。多重不确定性的引入和机会约束的非线性特点使模型求解难度增大。本章的主要贡献汇总如下。

（1）针对应急救援系统灾前选址问题，利用机会约束、在分布式鲁棒优化的框架下同时考虑了需求、点中断、边中断三种不确定来源，将其构建为一个两阶段的优化模型。

（2）在建模和实证分析时，针对救援过程中的效率、效果和公平三个原则，分别定义相应的定量指标。利用模型的具体特点将其近似为相对易于求解的混合整数二次锥规划问题。

（3）与传统基于场景的随机规划模型对比，鲁棒模型在公平和服务效果上具有明显优势；在实证数据集中，鲁棒模型会对可能发生的极端情况作出更好的响应，提高救援效率。

（4）在管理意见方面，决策者应该充分考虑效率、效果和公平三原则及其之间的权衡关系，优化选址策略。此外，多种不确定性的引入虽然会对投资成本带来一定提高，但其在灾难时带来的收益远高于成本。

未来的研究方向包括：①由于道路的损毁情况具有一定差异，可以将边的中断变量定义为剩余运力比例，也可以用随机到达时间刻画道路中断情况。②本章的研究背景是灾前战略性决策，不包含灾时的实时调度和灾后的系统恢复，在未来的研究中，可以考虑网络的动态修复过程和资源的重新分配。③可以采用其他分布式鲁棒优化的模糊集，利用数据驱动的方法降低鲁棒模型的保守性。

第 6 章　总结与展望

6.1　研究结论

本书对应急救援系统灾前选址决策进行优化，充分考虑了救援过程与商业供应链的区别，强调了救援的服务质量、设施稳定性，以及救援的公平原则对于设施选址的影响，在保证救援质量的同时降低了运营成本、提高了救援效率。同时，紧急事件具有高度不确定性，人员密集程度、经济发展水平、灾难强度都会对选址等战略性决策产生影响。特别地，对于地震等大规模灾害而言，历史数据少、发生频次低，如何通过有限的历史数据对可能发生的最坏情况进行预判，并将估计结果与优化方法相结合颇具挑战。通过一系列数学模型和优化算法，我们对上述几个研究问题提出了更有针对性的解决方案。

本书考虑了随机的应急救援系统设施选址问题，按照不确定性来源将三个研究内容分为：考虑需求不确定性的救助站选址问题、考虑中断风险的选址问题和同时考虑需求和中断风险的选址问题。研究方法均为分布式鲁棒优化。分布式鲁棒优化是近年来新兴的解决随机问题的一类研究方法。与随机规划不同，分布式鲁棒优化不需要遍历所有可能发生的情况，而是分析系统可能出现的最坏情况，通过优化方法使系统在最坏情况下的表现不至于太差；与鲁棒优化相比，分布式鲁棒优化可以充分利用有限的历史数据，使决策者对系统最差情况的估计不致太过保守。

第一个研究内容重点考虑需求不确定性，研究的对象为急救系统。急救系统不仅需要在大规模灾害发生时提供救援，而且需要保证日常运营的效率和效果。因此，我们利用两种随机变量：日常需求和灾难时可能发生的最大需求，刻画不同的运营场景，并通过联合机会约束定量保证了系统整体需求被满足的概率大于等于一个预先设定的阈值。通过数值实验和理论分析，得到如下结论：①本书提出的分布式鲁棒优化模型既避免了传统联合机会约束近似的过保守弊端，又增强了随机规划方法的系统稳定性。②从理论上证明了联合机会约束和独立机会约束的占优条件，可以推广在其他应用背景。③同一需求点被多个备用设施点服务的策略能提高调度的灵活度和需求满足比例。

第二个研究内容重点考虑设施中断情况，研究范围属于灾前准备阶段的战略性决策，也可以推广到风险厌恶的商业供应链选址场景。我们假设设施中断的分布形式被限制在一个以实证分布为中心、距离实证分布的 Wasserstein 距离小于或等于 ϵ 的椭球内，利用数据驱动的分布式鲁棒优化方法将该问题构造为一个两阶段优化模型。通过大量理论证明和数值验证，得到如下结论：①通过分析第二阶段子问题的最优条件证明该问题具有超模性。②通过加入有效不等式证明第二阶段子问题的约束系数矩阵实为全幺模矩阵，该问题可以由混合整数规划退化为线性规划。③从理论上证明最坏情况分布与第一阶段选址决策有关，与基于矩信息的分布式鲁棒优化模型的最坏情况分布形式[28] 不同。④本书设计的两种分支剪界算法相比于现代求解器而言效率提升显著。⑤通过分析样本外表现，基于 Wasserstein 距离的分布式鲁棒优化模型避免了基于矩信息建模方法的保守性；同时避免了传统随机规划需要大量数据的弊端。

第三个研究内容同时考虑了需求、设施中断、设施可用库存的随机性，充分分析了灾难发生时的各种不确定来源，同时引入救援的效率、效果和公平原则作为模型质量的评价指标。在建模时，我们引入两类机会约束保证设施满足服务的比例和需求点被覆盖的比例。通过理论分析和数值验证，得到如下结论：①两类机会约束可以分别被近似为二次锥约束和线性约束，考虑多重随机性的应急系统选址问题被近似为混合整数二次锥规划问题。②对于近似之后的二次锥规划模型，本书设计的外逼近算法能够显著提高商业求解器的运算效率。③分布式鲁棒优化算法在实证案例中的表现有效提升了传统随机规划的可靠性，鲁棒的收益远超成本。

在模型建立和优化算法方面，本书归纳了考虑不确定性的应急系统选问题的建模特点及其求解方案。

（1）分布式鲁棒优化能避免传统鲁棒优化的过保守性，同时提高基于场景的随机规划模型的服务质量。本书的三个研究内容都与基于场景的随机规划模型进行了对比。对于应急救援系统而言，管理者对服务质量和救援效率的要求大于成本限制，鲁棒模型能充分应对可能发生的最坏情况，降低灾难造成的损失。同时，分布式鲁棒优化方法充分挖掘了有限历史数据的特征，降低了传统鲁棒优化的保守性。

（2）机会约束可以定量刻画系统的服务水平和救援质量。机会约束限定了系统满足某类条件的最低概率，已被应用于多种优化场景。近年来，针对机会约束的近似算法和理论研究广受关注，在应急救援系统中引入前沿的定量化指标能在灾时对系统稳定性和公平性做出迅速判断，便于指挥引导。

（3）外逼近算法能高效求解混合整数二次锥规划问题。分布式鲁棒优化和机会约束的近似大都考虑随机参数的矩信息，在仅考虑一阶矩和二阶矩时，原始分布式鲁棒模型可以被近似为二次锥问题。尽管现代求解器提供了二次锥优化的解决方法，其求解效率仍然难以令人满意。本书的大量数值结果证明，外逼近算法对于求解此类问题具有一定的优势。

（4）分支剪界算法能够大大提高整数线性规划（如选址问题）的求解效率。以带有 0-1 决策变量的选址问题为例，首先在根节点通过加入有效不等式将原问题的线性松弛问题解并至收敛，然后在分支定界树上利用现代求解器的 lazycallback 模块判断当前整数解是否可行。这样的求解框架能在根节点获得较好的下界，从而提高运算效率。

在管理实践方面，得出如下结论。

（1）与基于场景的随机规划相比，鲁棒模型能显著提高救援服务水平和救援公平性；在实证数据集中，鲁棒模型能对可能发生的最坏情况做出更好的响应、提高救援效率，因此分布式鲁棒优化在应急管理领域具有广泛的应用前景。

（2）考虑设施随机因素的分布式鲁棒优化模型能用较少的投资成本显著提高系统应对风险的能力，建议管理者在设计规划阶段将中断风险纳入优化范畴。

（3）多组灵敏度分析的结果显示，在设施容量较小时，增大扩容投资很有可能在较大程度上降低总运营成本；而对于容量已经比较大的设施来说，增大容量对总成本的影响不够显著。

6.2 研究展望

本书的主要内容为应急救援系统的选址问题，研究方法为分布式鲁棒优化。针对应急救援系统的研究内容和应用前景十分广泛，可以从如下几个方面进行拓展。

（1）本书的主要研究背景是灾前准备阶段，对于随机因素的考虑是提前预判的。然而在实际救援过程中，随着时间的推进，道路的修复情况、物资重分配和再调度、受灾人员受难情况的变化等动态因素未被纳入优化范畴。在今后的研究中，研究人员可以利用动态信息，通过建立临时避难所或资源实时调度等方式实现动态优化。

（2）本书的研究范式偏向于数学建模和理论证明，涵盖了较多的模型假设。例如研究内容二和三分别假设设施中断和道路中断情况为 0-1 变量，然而在实际运营中，可能涉及救援库存部分受损或道路部分中断的情况，0-1 变量并不能很好地描述系统状态。松弛这些理论假设可以得到与实际灾难更为贴切的优化模型，并推广到实际应用层次。

（3）由于大部分选址问题是 NP 难的，在求解大规模算例时，本书提出的几类精确算法难以求得最优解。通过探索模型的理论性质和有效不等式等方法进一步提高算法效率，或者设计稳定、具有理论保证的大规模启发式算法，也是本书的一个拓展方向。

附录 A 外逼近算法简介

外逼近（OA）算法通过迭代的方式将原混合整数非线性规划问题（MINLP）拆分成一个混合整数线性规划的主问题（master problem，MP）和一个非线性规划的子问题（subproblem，SP），采用非线性项的一阶泰勒展开式，不断逼近原问题，使下界不断收敛。OA 的主问题和子问题分别在 A.1节和 A.2节中介绍。在原问题的线性松弛问题为凸优化时，OA 算法可以在有限次迭代内得到最优解[155]。感兴趣的读者可以参考 Duan 和 Grossmann 在 1987 年发表的文章[133]。对一个具有普适性的混合整数非线性规划问题 P 来说，包含两类决策变量——连续变量 x 和整数变量 y。目标函数 $f(x,y)$ 和约束 $g_i(x,y)$ 均包含非线性项，且二者的线性松弛是关于变量 x 和 y 的凸函数，模型 P 的具体形式为

$$\mathrm{P}:\min\quad f(x,y) \tag{A-1a}$$

$$\text{s.t.}\quad g_i(x,y)\leqslant 0,\forall i\in 1,2,\cdots,p \tag{A-1b}$$

$$x\in\mathbb{R}^n, y\in\mathbb{Z}^m \tag{A-1c}$$

A.1 OA 主问题

对于模型 P 而言，由于存在非线性项，求解难度较大，采用线性化的方式找到原问题的一个松弛问题 MP。MP 的主要作用是提供离散变量 y 的一个可行解和 P 的下界。MP 的基本形式如下：

$$\mathrm{MP}:\min\quad \eta \tag{A-2a}$$

$$\text{s.t.}\quad \nabla f(x^h,y^h)^{\mathrm{T}}\begin{bmatrix} x-x^h \\ y-y^h \end{bmatrix}+f(x^h,y^h)\leqslant \eta \tag{A-2b}$$

$$\nabla g_i(x^h, y^h)^{\mathrm{T}} \begin{bmatrix} x - x^h \\ y - y^h \end{bmatrix} + g_i(x^h, y^h) \leqslant 0, \forall i = 1, 2, \cdots, p \tag{A-2c}$$

$$\eta \leqslant UB - \varepsilon \tag{A-2d}$$

$$\eta \in \mathbb{R}, x \in \mathbb{R}^n, y \in \mathbb{Z}^m \tag{A-2e}$$

其中，式 (A-2b) 和式 (A-2c) 分别为非线性目标函数 $f(x, y)$ 和非线性约束 $g_i(x, y)$ 的一阶泰勒展开形式，被称为“OA 切”。

A.2　OA 子问题

定义子问题 SP 为

$$\mathrm{SP}: \min \quad f(x, y^h) \tag{A-3a}$$

$$\text{s.t.} \quad g_i(x, y^h) \leqslant 0, \forall i \in 1, 2, \cdots, p \tag{A-3b}$$

$$x \in \mathbb{R}^n \tag{A-3c}$$

其中，$y^h \in \mathbb{Z}^m$ 是在第 h 次迭代时对应的 MP 最优解。通过求解 SP，记录其最优解 x^h，并得到原问题 P 的一个上界。若 SP 不可行，定义一个新的非线性规划问题 $\mathrm{SP}^{\mathrm{inf}}$，用来求解距离可行解最近的 x^h，并使之等于问题 $\mathrm{SP}^{\mathrm{inf}}$ 的最优解。$\mathrm{SP}^{\mathrm{inf}}$ 如下所示：

$$\mathrm{SP}^{\mathrm{inf}}: \min \quad \sum_{i=1}^{p} u_i \tag{A-4a}$$

$$\text{s.t.} \quad g_i(x, y^h) - u_i \leqslant 0, \forall i \in 1, 2, \cdots, p \tag{A-4b}$$

$$u \in \mathbb{R}^p, x \in \mathbb{R}^n \tag{A-4c}$$

附录 B　基于场景的随机规划问题

B.1　第 3 章中基于场景的救助站选址问题

基于场景的建模方法的主要原理是将随机变量的可能取值用一系列有代表性的数值代替，定义可能出现的场景 s 在集合 $\mathcal{S}=\{1,2,\cdots,S\}$ 内。假设数组随机变量 Θ 和 D 的可能取值为 (θ_{is}, d_{is})。

由于联合机会约束是非凸的，采用大方法将此约束线性化，并用约束 (B-1c) 和约束 (B-1d) 代替原始的联合机会约束 (3-6d)。其中，z_s 是 0-1 变量，M 是一个足够大的整数。基于场景的随机规划模型考虑了列举的所有可能取值，考虑了所有场景中的最坏情况。该模型被汇总如下：

$$\min \quad \frac{1}{S}\sum_{s=1}^{S} t_s + \sum_{j\in J}\{f_j Y_j + a_j N_j\} \tag{B-1a}$$

$$\text{s.t.} \quad t_s \geqslant \beta \sum_{i\in I}\theta_{is}\sum_{j\in J} c_{ij}X_{ijs}, \forall s\in\mathcal{S} \tag{B-1b}$$

$$\sum_{i\in I} d_{is}X_{ijs} - N_j \leqslant M z_s, \forall j\in J, s\in\mathcal{S} \tag{B-1c}$$

$$\sum_{s\in\mathcal{S}} z_s \leqslant S(1-\alpha) \tag{B-1d}$$

$$\sum_{j\in J} X_{ijs} = 1, \forall i\in I, s\in\mathcal{S} \tag{B-1e}$$

$$X_{ijs} \leqslant Y_j, \forall i\in I, \forall j\in J, s\in\mathcal{S} \tag{B-1f}$$

$$t \geqslant 0, X_{ijs} \geqslant 0, \forall j\in J, s\in\mathcal{S} \tag{B-1g}$$

$$z_s \in \{0,1\}, \forall s\in\mathcal{S} \tag{B-1h}$$

式(3-3), 式(3-4), 式(3-5)

B.2 第 4 章中基于场景的可中断设施选址问题

由 Wasserstein 集的渐进一致性可知，当半径 $\epsilon = 0$ 时，基于 Wasserstein 分布的鲁棒模型等价于基于实证分布的随机规划模型。随机变量 $\boldsymbol{\xi}$ 的分布为 $\mathbb{P}(\boldsymbol{\xi} = \hat{\boldsymbol{\xi}}^n) = \dfrac{1}{N}$。据此，第 4 章中基于场景的可中断设施选址问题汇总如下：

$$\min \quad \left\{ \sum_{j=1} f_j x_j + \frac{1}{N} \sum_n \sum_i \sum_j d_i c_{ij} y_{ijn} \right\} \tag{B-2a}$$

$$\text{s.t.} \quad \sum_j y_{ijn} = 1, \forall i \in \mathcal{I}, n \in \mathcal{N} \tag{B-2b}$$

$$y_{ijn} \leqslant x_j \hat{\xi}_j^n, \forall i \in \mathcal{I}, j \in \mathcal{J}, n \in \mathcal{N} \tag{B-2c}$$

$$x_j \in \{0,1\}, \forall j \in \mathcal{J} \tag{B-2d}$$

$$y_{ijn} \in \{0,1\}, \forall i \in \mathcal{I}, j \in \mathcal{J}, n \in \mathcal{N} \tag{B-2e}$$

B.3 第 5 章中基于场景的随机设施选址问题

第 5 章中提到的基于场景的可中断设施选址问题可以利用传统随机规划模型建模。假设随机变量为 D_i，γ_j，和 B_{ij} 的分布情况已知，给定随机变量的可能取值数对 $(D_{is}, \gamma_{js}, B_{ijs})$，其中 D_{is} 代表点 i 在第 s 种可能场景中的需求，γ_{js} 代表设施 j 在第 s 种场景中的剩余可用库存比例，B_{ijs} 代表在第 s 种场景中边 (i,j) 是否中断，$s \in \{s = 1, 2, \cdots, S\}$ 代表场景的编号。为了描述联合机会约束和独立机会约束服务水平的满足比例，引入两个辅助决策变量 $z_{1s} \in \{0,1\}$ 和 $z_{2s} \in \{0,1\}$。基于场景的随机规划模型汇总如下：

$$\min \quad \sum_{l \in L} \sum_{j \in J} f_{jl} Y_{jl} + \frac{1}{S} \sum_{s=1}^{S} t_s \tag{B-3a}$$

$$\text{s.t.} \quad \beta \sum_{i \in I} \left(\theta_i \sum_{j \in J} c_{ij} X_{ijs} \right) \leqslant t_s, \forall s \in \mathcal{S} \tag{B-3b}$$

$$\sum_{i\in I} D_{is}X_{ijs} - \sum_{l\in L} M_l Y_{jl}\gamma_{js} \leqslant Mz_{1s}, \forall j \in \mathcal{J}, \forall s \in \mathcal{S} \tag{B-3c}$$

$$\sum_{s\in S} z_{1s} \leqslant S\left(1-\alpha_1\right) \tag{B-3d}$$

$$1 - \sum_{j\in J} B_{ijs}X_{ijs} \leqslant Mz_{2s}, \forall i \in \mathcal{I}, \forall s \in \mathcal{S} \tag{B-3e}$$

$$\sum_{s\in S} z_{2s} \leqslant S\left(1-\alpha_2\right) \tag{B-3f}$$

$$X_{ijs} \leqslant \sum_{l\in L} Y_{jl}, \forall i \in \mathcal{I}, \forall j \in \mathcal{J}, \forall s \in \mathcal{S} \tag{B-3g}$$

$$X_{ijs} \in \{0,1\}, \forall i \in \mathcal{I}, \forall j \in \mathcal{J}, \forall s \in \mathcal{S} \tag{B-3h}$$

$$z_{1s} \in \{0,1\}, z_{2s} \in \{0,1\}, t_s \geqslant 0, \forall s \in \mathcal{S} \tag{B-3i}$$

$$\text{式(5-1e), 式(5-1f)} \tag{B-3j}$$

其中，目标函数 (B-3a) 包含了固定建造成本和在各种参数组合下的加权运输成本。约束 (B-3c) 和约束 (B-3d) 保证各个需求点的服务水平不能小于 $1-\epsilon$：当 z_{1s} 等于 0 时，原始恒有 $\sum\limits_{i\in I} D_{is}X_{ijs} \leqslant \sum\limits_{l\in L} M_l Y_{jl}\gamma_{js}$，即需求能被满足；而当 z_{1s} 等于 1 时，需求不能被满足。因此，约束限制了需求不被满足的场景小于所有可能情况的 $1-\alpha_1$。同理，约束 (B-3e) 和约束 (B-3f) 保证需求点 i 被覆盖的比例不小于 α_2。

在 5.4.5节中，由于 Raws 和 Turnquist[13] 在目标函数中考虑了缺货成本，为了与其建模方式进行对比，我们将没被满足的需求以惩罚成本的形式置于目标函数中，构建如下模型：

$$\min \quad \sum_{l\in L}\sum_{j\in J} f_{jl}Y_{jl} + \frac{1}{S}\sum_{s=1}^{S} t_s + \frac{1}{S}\sum_{s=1}^{S}\left[\sum_{i\in I} D_{is}X_{ijs} - \sum_{l\in L} M_l Y_{jl}\gamma_{js}\right] \tag{B-4a}$$

$$\text{s.t.} \quad z_{2s} \in \{0,1\}, t_s \geqslant 0, \forall s \in \mathcal{S} \tag{B-4b}$$

$$\text{式(B-3e)} \sim \text{式(B-3h), 式(5-1e), 式(5-1f)}$$

其中，p 为单位惩罚成本系数，在正文中的取值为 1000，2000 或 4000。

附录 C　实证数据详情

本节将对正文 5.4.5节的实证数据进行补充。首先，各节点编号如图 C.1 所示。

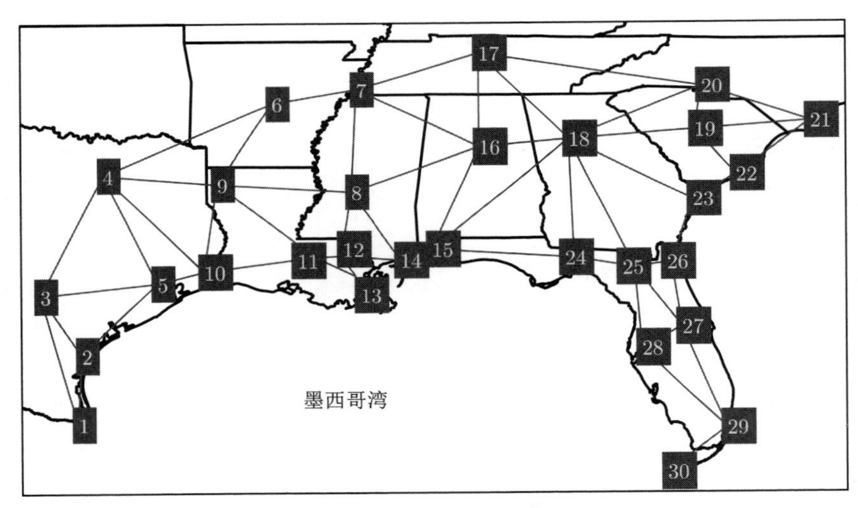

图 C.1　各节点地理位置分布示意图及编号

假设救援物资仅有饮用水一种，购入单价为每单位 647.7 美元，单位运输成本为 0.3 美元/英里。可用设施规模有三种，对应的设施建造成本和容量如表 C.1所示。

根据 Raws 和 Turnquist[13] 的统计结果，共用 15 组飓风历史数据。表 C.2显示了所有飓风类别、登陆点编号、失效边、登陆点需求以及发生的概率。其中，飓风共分为 5 类，分别以 1~5 个数字代替，定义编号为 3~5 的为大规模飓风、编号为 1~2 的为小规模飓风。对于大规模飓风而言，登陆点的设施将完全中断；对于小规模飓风而言，登陆点的设施库存将有 50% 中断。如 Velasquez 等人[14] 所述，假设在灾难发生时，仅有台风登陆点具有需求，而其他内陆节点的需求假设为 0。表 C.2记录了登陆点的物资需求。

表 C.1　设施成本及容量参数

设施类型	规模描述	建造成本	容量
1	小	15090.30	62.93
2	中	161376.95	705.74
3	大	293363.59	1348.55

表 C.2　飓风历史数据集

飓风编号	类别	登录点编号	失效边	需求	概率
1	3	5	(4,5)	350	0.32846
2	5	14	(12,14)	560	0.39071
2	5	14	(14,15)	560	0.39071
2	5	14	(15,24)	560	0.39071
3	2	22	-	861	0.05283
4	2	22	(17,20)	9000	0.053
5	4	11	-	7500	0.032
5	4	29	-	7500	0.032
6	3	15	-	1000	0.0376
7	2	21	(21,22)	600	0.0354
8	1	11	(8,12)	1500	0.0344
9	5	13	(12,13)	1040	0.0228
9	5	29	(12,13)	1040	0.0228
10	2	2	-	2250	0.056
11	3	21	(21,22)	5000	0.0304
12	3	-	(15,24)	18000	0.0409
13	3	-	-	2818	0.0349
14	4	14	-	2239	0.0354
14	4	30	-	2239	0.0354
15	4	22	-	4400	0.0304

图 C.2和图 C.3记录了惩罚系数为 1000 和 2000 时的随机规划选址最优选址决策。不难发现，当惩罚系数越大时，系统更倾向于构建更多的设施，所花费的建造成本也更多。如正文中的表 5.5所示，在蒙特卡罗仿真时，惩罚系数越大，对应的最优解可以更好地满足需求，更具稳定性。

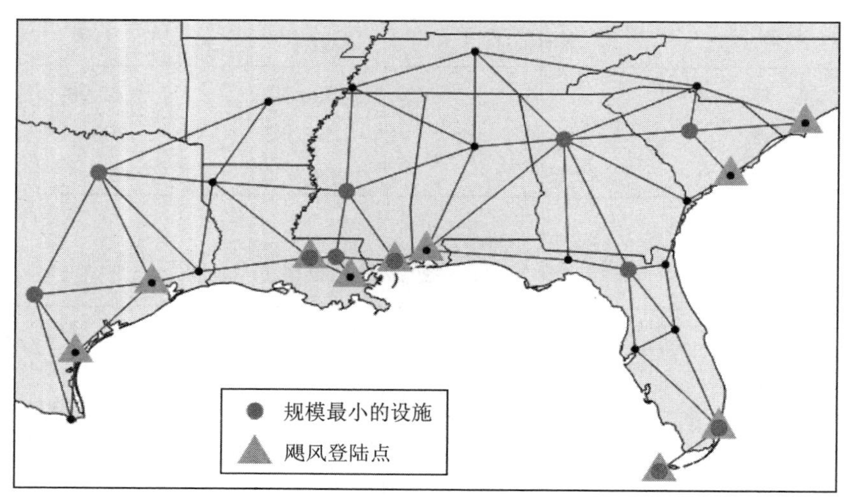

图 C.2　惩罚系数为 1000 时的随机规划选址决策

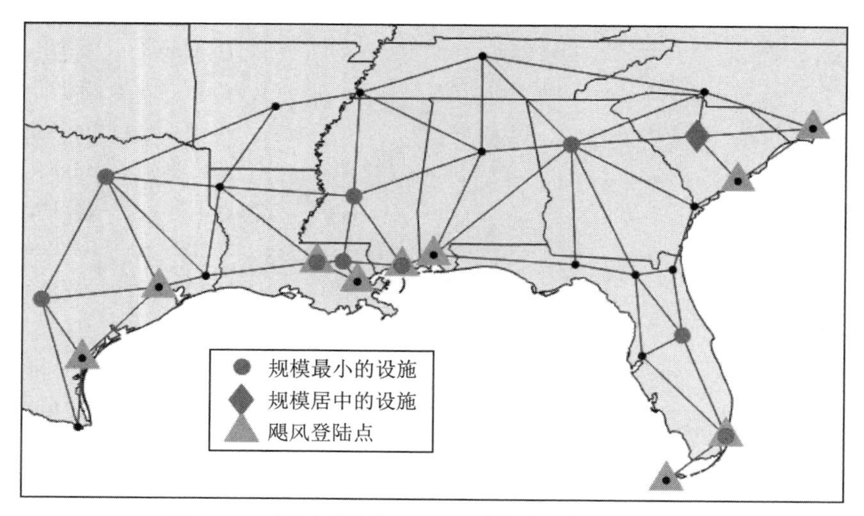

图 C.3　惩罚系数为 2000 时的随机规划选址决策

参考文献

[1] BANOMYONG R, VARADEJSATITWONG P, OLORUNTOBA R. A systematic review of humanitarian operations, humanitarian logistics and humanitarian supply chain performance literature 2005 to 2016[J]. Annals of Operations Research, 2017(1): 1-16.

[2] MARTHA J, SUBBAKRISHNA S. Targeting a just-in-case supply chain for the inevitable next disaster[J]. Supply Chain Management Review, 2002, 6(5): 18-23.

[3] TOMLIN B. On the value of mitigation and contingency strategies for managing supply chain disruption risks[J]. Management Science, 2006, 52(5): 639-657.

[4] XIE S, LI X, OUYANG Y. Decomposition of general facility disruption correlations via augmentation of virtual supporting stations[J]. Transportation Research Part B: Methodological, 2015, 80: 64-81.

[5] GUHA-SAPIR D, PHILIPPE H, REGINA B. Annual disaster statistical review 2015: The numbers and trends[R]. Brussels: CRED, 2016.

[6] STARR M K, WASSENHOVE L N V. Introduction to the special issue on humanitarian operations and crisis management[J]. Production & Operations Management, 2014, 23(6): 925-937.

[7] ÖZDAMAR L, ERTEM M A. Models, solutions and enabling technologies in humanitarian logistics[J]. European Journal of Operational Research, 2015, 244(1): 55-65.

[8] BEN-TAL A, DO CHUNG B, MANDALA S R, et al. Robust optimization for emergency logistics planning: Risk mitigation in humanitarian relief supply chains[J]. Transportation Research Part B: Methodological, 2011, 45(8): 1177-1189.

[9] NA L, XUEYAN S, MINGLIANG Q. A bi-objective evacuation routing engineering model with secondary evacuation expected costs[J]. Systems Engineering Procedia, 2012, 5: 1-7.

[10] AKSU D T, OZDAMAR L. A mathematical model for post-disaster road restoration: Enabling accessibility and evacuation[J]. Transportation Research Part E: Logistics and Transportation Review, 2014, 61: 56-67.

[11] HU Z H, SHEU J B. Post-disaster debris reverse logistics management under psychological cost minimization[J]. Transportation Research Part B: Methodological, 2013, 55: 118-141.

[12] VAN WASSENHOVE L N. Humanitarian aid logistics: supply chain management in high gear[J]. Journal of the Operational Research Society, 2006, 57(5): 475-489.

[13] RAWLS C G, TURNQUIST M A. Pre-positioning of emergency supplies for disaster response[J]. Transportation Research Part B, 2010, 44(4): 521-534.

[14] VELASQUEZ G A, MAYORGA M E, ÖZALTıN O Y. Prepositioning disaster relief supplies using robust optimization[J]. IISE Transactions, 2020, 0(just-accepted): 1-58.

[15] BAŞAR A, ÇATAY B, ÜNLÜYURT T. A taxonomy for emergency service station location problem[J]. Optimization Letters, 2012, 6(6): 1-14.

[16] ARINGHIERI R, BRUNI M E, KHODAPARASTI S, et al. Emergency medical services and beyond: Addressing new challenges through a wide literature review[J]. Computers & Operations Research, 2017, 78: 349-368.

[17] AHMADI-JAVID A, SEYEDI P, SYAM S S. A survey of healthcare facility location[J]. Computers & Operations Research, 2017, 79: 223-263.

[18] SNYDER L V, ATAN Z, PENG P, et al. OR/MS models for supply chain disruptions: A review[J]. IIE Transactions, 2016, 48(2): 89-109.

[19] CURRENT J, DASKIN M, SCHILLING D, et al. Discrete network location models[J]. Facility location: Applications and theory, 2002, 1: 81-118.

[20] SNYDER L V. Facility location under uncertainty: A review[J]. IIE Transactions, 2007, 38(7): 537-554.

[21] NI W, SHU J, SONG M. Location and emergency inventory pre-positioning for disaster response operations: Min-max robust model and a case study of yushu earthquake[J]. Production and Operations Management, 2018, 27(1): 160-183.

[22] DELAGE E, YE Y. Distributionally robust optimization under moment uncertainty with application to data-driven problems[J]. Operations Research, 2010, 58(3): 595-612.

[23] ZHANG Y, SHEN Z J M, SONG S. Distributionally robust optimization of two-stage lot-sizing problems[J]. Production and Operations Management, 2016, 25(12): 2116-2131.

[24] MAK H Y, RONG Y, ZHANG J. Appointment scheduling with limited distributional information[J]. Management Science, 2015, 61(2): 316-334.

[25] GRALLA E, GOENTZEL J, FINE C. Assessing trade-offs among multiple objectives for humanitarian aid delivery using expert preferences[J]. Production and Operations Management, 2014, 23(6): 978-989.

[26] ESFAHANI P M, KUHN D. Data-driven distributionally robust optimization using the wasserstein metric: Performance guarantees and tractable reformulations[J]. Mathematical Programming, 2018, 171(1-2): 115-166.

[27] FISCHETTI M, LJUBIĆ I, SINNL M. Redesigning benders decomposition for large-scale facility location[J]. Management Science, 2017, 63(7): 2146-2162.

[28] LU M, RAN L, SHEN Z J M. Reliable facility location design under uncertain correlated disruptions[J]. Manufacturing & Service Operations Management, 2015, 17(4): 445-455.

[29] BADRI M A, MORTAGY A K, ALSAYED C A. A multi-objective model for locating fire stations[J]. European Journal of Operational Research, 1998, 110(2): 243-260.

[30] ADENSO-DíAZ B, RODRIGUEZ F. A simple search heuristic for the mclp: Application to the location of ambulance bases in a rural region[J]. Omega, 1997, 25(2): 181-187.

[31] JIA H, ORDONEZ F, DESSOUKY M. A modeling framework for facility location of medical services for large-scale emergencies[J]. IIE Transactions, 2007, 39(1): 41-55.

[32] NDIAYE M, ALFARES H. Modeling health care facility location for moving population groups[J]. Computers & Operations Research, 2008, 35(7): 2154-2161.

[33] SCHERRER C R. Optimization of community health center locations and service offerings with statistical need estimation[J]. IIE Transactions, 2008, 40(9): 880-892.

[34] ARES J N, VRIES H D, HUISMAN D. A column generation approach for locating roadside clinics in africa based on effectiveness and equity[J]. European Journal of Operational Research, 2016, 254(3): 1002-1016.

[35] 孙庆珍, 李明, 贾燕. 基于多目标决策的城市应急设施选址问题研究 [J]. 科技和产业, 2014, 14(6): 5-8.

[36] 詹斌, 吕腊梅. 高速公路应急资源点选址优化模型 [J]. 物流技术, 2016(5): 92-94.

[37] TOREGAS C, SWAIN R, REVELLE C, et al. The location of emergency service facilities[J]. Operations Research, 1971, 19(6): 1363-1373.

[38] CHURCH R L, MEADOWS M E. Location modeling utilizing maximum service distance criteria[J]. Geographical Analysis, 1979, 11(4): 358-373.

[39] HAKIMI S L. Optimum locations of switching centers and the absolute centers and medians of a graph[J]. Operations Research, 1964, 12(3): 450-459.

[40] HAKIMI S L. Optimum distribution of switching centers in a communication network and some related graph theoretic problems[J]. Operations Research, 1965, 13(3): 462-475.

[41] BALINSKI M L. Integer programming: methods, uses, computations[J]. Management Science, 1965, 12(3): 253-313.

[42] O'KELLY M E. A quadratic integer program for the location of interacting hub facilities[J]. European Journal of Operational Research, 1987, 32(3): 393-404.

[43] LARSON R C. A hypercube queuing model for facility location and redistricting in urban emergency services[J]. Computers & Operations Research, 1973, 1(1): 67-95.

[44] LARSON R C. Approximating the performance of urban emergency service systems[J]. Operations Research, 1975, 23(5): 845-868.

[45] GALVÃO R D, MORABITO R. Emergency service systems: The use of the hypercube queueing model in the solution of probabilistic location problems[J]. International Transactions in Operational Research, 2010, 15(5): 525-549.

[46] GEROLIMINIS N, KARLAFTIS M G, SKABARDONIS A. A spatial queuing model for the emergency vehicle distracting and location problem[J]. Transportation Research Part B: Methodological, 2009, 43(7): 798-811.

[47] SOUZA R M D, MORABITO R, CHIYOSHI F Y, et al. Incorporating priorities for waiting customers in the hypercube queuing model with application to an emergency medical service system in brazil[J]. European Journal of Operational Research, 2015, 242(1): 274-285.

[48] BERALDI P, BRUNI M E, CONFORTI D. Designing robust emergency medical service via stochastic programming[J]. European Journal of Operational Research, 2004, 158(1): 183-193.

[49] BERALDI P, BRUNI M E. A probabilistic model applied to emergency service vehicle location[J]. European Journal of Operational Research, 2009, 196(1): 323-331.

[50] DÖYEN A, ARAS N, BARBAROSOĞLU G. A two-echelon stochastic facility location model for humanitarian relief logistics[J]. Optimization Letters, 2011, 6(6): 1123-1145.

[51] ERBEYOĞLU G, BILGE Ü. A robust disaster preparedness model for effective and fair disaster response[J]. European Journal of Operational Research, 2020, 280(2): 479-494.

[52] ÖZGÜN E, NOYAN N, BÜLBÜL K. Chance-constrained stochastic programming under variable reliability levels with an application to humanitarian relief network design[J]. Computers & Operations Research, 2018, 96: 91-107.

[53] MOSTAJABDAVEH M, GUTJAHR W J, SIBEL S F. Inequity-averse shelter location for disaster preparedness[J]. IISE Transactions, 2019: 1-21.

[54] ZHANG Z H, JIANG H. A robust counterpart approach to the bi-objective emergency medical service design problem[J]. Applied Mathematical Modelling, 2014, 38(3): 1033-1040.

[55] ZHANG Z H, LI K. A novel probabilistic formulation for locating and sizing emergency medical service stations[J]. Annals of Operations Research, 2015, 229(1): 813-835.

[56] LIU K, LI Q, ZHANG Z H. Distributionally robust optimization of an emergency medical service station location and sizing problem with joint chance constraints[J]. Transportation Research Part B: Methodological, 2019, 119: 79-101.

[57] 姜冬青. 基于鲁棒优化的应急物资中心选址与应急调度策略的研究 [D]. 北京: 北京化工大学, 2015.

[58] DREZNER Z. Heuristic solution methods for two location problems with unreliable facilities[J]. Journal of the Operational Research Society, 1987, 38(6): 509-514.

[59] LEE S D. On solving unreliable planar location problems[J]. Computers & Operations Research, 2001, 28(4): 329-344.

[60] SNYDER L V, DASKIN M S. Reliability models for facility location: The expected failure cost case[J]. Transportation Science, 2005, 39(3): 400-416.

[61] BERMAN O, KRASS D, MENEZES M B C. Facility reliability issues in network p-median problems: Strategic centralization and co-location effects[J]. Operations Research, 2007, 55(2): 332-350.

[62] CUI T, OUYANG Y, SHEN Z J M. Reliable facility location design under the risk of disruptions[J]. Operations Research, 2010, 58(4-part-1): 998-1011.

[63] LI X, OUYANG Y. A continuum approximation approach to reliable facility location design under correlated probabilistic disruptions[J]. Transportation Research Part B: Methodological, 2010, 44(4): 535-548.

[64] SHEN Z J M, ZHAN R L, ZHANG J. The reliable facility location problem: Formulations, heuristics, and approximation algorithms[J]. INFORMS Journal on Computing, 2011, 23(3): 470-482.

[65] MAK H Y, SHEN Z J. Risk diversification and risk pooling in supply chain design[J]. IIE Transactions, 2012, 44(8): 603-621.

[66] ABOOLIAN R, CUI T, SHEN Z J M. An efficient approach for solving reliable facility location models[J]. INFORMS Journal on Computing, 2012, 25(4): 720-729.

[67] ALCARAZ J, LANDETE M, MONGE J F, et al. Strengthening the reliability fixed-charge location model using clique constraints[J]. Computers & Operations Research, 2015, 60: 14-26.

[68] LIM M, DASKIN M S, BASSAMBOO A, et al. A facility reliability problem: Formulation, properties, and algorithm[J]. Naval Research Logistics, 2010, 57(1): 58-70.

[69] LIM M K, BASSAMBOO A, CHOPRA S, et al. Facility location decisions with random disruptions and imperfect estimation[J]. Manufacturing & Service Operations Management, 2013, 15(2): 239-249.

[70] LI Q, ZENG B, SAVACHKIN A. Reliable facility location design under disruptions[J]. Computers & Operations Research, 2013, 40(4): 901-909.

[71] LI X, ZHANG K. A sample average approximation approach for supply chain network design with facility disruptions[J]. Computers & Industrial Engineering, 2018, 126: 243-251.

[72] ZARRINPOOR N, FALLAHNEZHAD M S, PISHVAEE M S. The design of a reliable and robust hierarchical health service network using an accelerated benders decomposition algorithm[J]. European Journal of Operational Research, 2018, 265(3): 1013-1032.

[73] YU G, HASKELL W B, LIU Y. Resilient facility location against the risk of disruptions[J]. Transportation Research Part B: Methodological, 2017, 104: 82-105.

[74] YU G, ZHANG J. Multi-dual decomposition solution for risk-averse facility location problem[J]. Transportation Research Part E: Logistics and Transportation Review, 2018, 116: 70-89.

[75] AN Y, ZENG B, ZHANG Y, et al. Reliable p-median facility location problem: Two-stage robust models and algorithms[J]. Transportation Research Part B: Methodological, 2014, 64: 54 -72.

[76] 王俊鹏. 基于情景的铁路应急设施损毁不确定性选址规划研究 [D]. 南昌: 华东交通大学, 2018.

[77] RAWLS C G, TURNQUIST M A. Pre-positioning planning for emergency response with service quality constraints[J]. OR Spectrum, 2011, 33(3): 481-498.

[78] HONG X, LEJEUNE M A, NOYAN N. Stochastic network design for disaster preparedness[J]. IIE Transactions, 2015, 47(4): 329-357.

[79] BALL M O, LIN F L. A reliability model applied to emergency service vehicle location[J]. Operations Research, 1993, 41(41): 18-36.

[80] PAUL J A, WANG X J. Robust location-allocation network design for earthquake preparedness[J]. Transportation research part B: Methodological, 2019, 119: 139-155.

[81] PAUL J A, ZHANG M. Supply location and transportation planning for hurricanes: A two-stage stochastic programming framework[J]. European Journal of Operational Research, 2019, 274(1): 108-125.

[82] NOYAN N. Risk-averse two-stage stochastic programming with an application to disaster management[J]. Computers & Operations Research, 2012, 39(3): 541-559.

[83] LU C C. Robust weighted vertex p-center model considering uncertain data: An application to emergency management[J]. European Journal of Operational Research, 2013, 230(1): 113-121.

[84] SANCI E, DASKIN M S. Integrating location and network restoration decisions in relief networks under uncertainty[J]. European Journal of Operational Research, 2019, 279(2): 335-350.

[85] ÖZGüN E, NOYAN N, BÜLBÜL K. Chance-constrained stochastic programming under variable reliability levels with an application to humanitarian relief network design[J]. Computers & Operations Research, 2018, 96: 91-107.

[86] TOFIGHI S, TORABI S, MANSOURI S. Humanitarian logistics network design under mixed uncertainty[J]. European Journal of Operational Research, 2016, 250(1): 239-250.

[87] WANG X J, PAUL J A. Robust optimization for hurricane preparedness[J]. International Journal of Production Economics, 2020, 221: 107464.

[88] BIRGE J R, LOUVEAUX F. Introduction to stochastic programming[M]. New York: Springer, 2011.

[89] WALLACE S W, ZIEMBA W T. Applications of stochastic programming[M]. Philadelphia: Society for Industrial and Applied Mathematic, 2005.

[90] RUSZCZYŃSKI A, SHAPIRO A. Stochastic programming models[M]// Handbooks in Operations Research and Management Science: Volume 10 Stochastic Programming. New York: Elsevier, 2003: 1-64.

[91] BEN-TAL A, NEMIROVSKI A. Selected topics in robust convex optimization[J]. Mathematical Programming, 2008, 112(1): 125-158.

[92] BEN-TAL A, GHAOUI L E, NEMIROVSKI A. Robust optimization[M]. Princeton: Princeton University Press, 2009.

[93] BERTSIMAS D, BROWN D B, CARAMANIS C. Theory and applications of robust optimization[J]. SIAM Review, 2010, 53(3): 464-501.

[94] GORISSEN B L, HSAN Y, DEN HERTOG D. A practical guide to robust optimization[J]. Omega, 2015, 53: 124-137.

[95] SCARF H. A min-max solution of an inventory problem[J]. Studies in the Mathematical Theory of Inventory and Production, 1958, 10(2): 201-209.

[96] BEN-TAL A, NEMIROVSKI A. Robust convex optimization[J]. Mathematics of Operations Research, 1998, 23(4): 769-805.

[97] BEN-TAL A, NEMIROVSKI A. On tractable approximations of uncertain linear matrix inequalities affected by interval uncertainty[J]. SIAM Journal on Optimization, 2002, 12(3): 811-833.

[98] BEN-TAL A, GORYASHKO A, GUSLITZER E, et al. Adjustable robust solutions of uncertain linear programs[J]. Mathematical Programming, 2004, 99(2): 351-376.

[99] EL GHAOUI L, LEBRET H. Robust solutions to least-squares problems with uncertain data[J]. SIAM Journal on Matrix Analysis and Applications, 1997, 18(4): 1035-1064.

[100] EL GHAOUI L, OUSTRY F, LEBRET H. Robust solutions to uncertain semidefinite programs[J]. SIAM Journal on Optimization, 1998, 9(1): 33-52.

[101] BEN-TAL A, NEMIROVSKI A. Robust solutions of uncertain linear programs[J]. Operations Research letters, 1999, 25(1): 1-13.

[102] BERTSIMAS D, SIM M. The price of robustness[J]. Operations Research, 2004, 52(1): 35-53.

[103] BERTSIMAS D, PACHAMANOVA D, SIM M. Robust linear optimization under general norms[J]. Operations Research Letters, 2004, 32(6): 510 -516.

[104] GOVINDAN K, FATTAHI M, KEYVANSHOKOOH E. Supply chain network design under uncertainty: A comprehensive review and future research directions[J]. European Journal of Operational Research, 2017, 263(1): 108-141.

[105] BECKER A B D. Decomposition methods for large scale stochastic and robust optimization problems [D]. Cambridge: Massachusetts Institute of Technology, 2011.

[106] ZYMLER S, KUHN D, RUSTEM B. Distributionally robust joint chance constraints with second-order moment information[J]. Mathematical Programming, 2013, 137(1): 167-198.

[107] WAGNER M R. Stochastic 0–1 linear programming under limited distributional information[J]. Operations Research Letters, 2008, 36(2): 150-156.

[108] GHAOUI L E, OKS M, OUSTRY F. Worst-case value-at-risk and robust portfolio optimization: A conic programming approach[J]. Operations Research, 2003, 51(4): 543-556.

[109] ZHANG Y, JIANG R, SHEN S. Ambiguous chance-constrained binary programs under mean-covariance information[J]. SIAM Journal on Optimization, 2018, 28(4): 2922-2944.

[110] ERDOĞAN E, IYENGAR G. Ambiguous chance constrained problems and robust optimization[J]. Mathematical Programming, 2006, 107(1-2): 37-61.

[111] CALAFIORE G C. Ambiguous risk measures and optimal robust portfolios[J]. SIAM Journal on Optimization, 2007, 18(3): 853-877.

[112] MEHROTRA S, ZHANG H. Models and algorithms for distributionally robust least squares problems[J]. Mathematical Programming, 2014, 146(1-2): 123-141.

[113] JIANG R, GUAN Y. Risk-averse two-stage stochastic program with distributional ambiguity[J]. Operations Research, 2018, 66(5): 1390-1405.

[114] HANASUSANTO G A, KUHN D. Conic programming reformulations of two-stage distributionally robust linear programs over wasserstein balls[J]. Operations Research, 2018, 66(3): 849-869.

[115] CHARNES A, COOPER W W, SYMONDS G H. Cost horizons and certainty equivalents: An approach to stochastic programming of heating oil[J]. Management Science, 1958, 4(3): 235-263.

[116] JIANG R, GUAN Y. Data-driven chance constrained stochastic program[J]. Mathematical Programming, 2016, 158(1-2): 291-327.

[117] PRÉKOPA A. Network planning using two-stage programming under uncertainty [M]// New Directions in Informatics, Optimization, Logistics, and Production. Berlin: Springer, 1980: 1533-1536.

[118] CHEN W, SIM M, SUN J, et al. From cvar to uncertainty set: Implications in joint chance-constrained optimization[J]. Operations Research, 2010, 58(2): 470-485.

[119] NEMIROVSKI A, SHAPIRO A. Convex approximations of chance constrained programs[J]. SIAM Journal on Optimization, 2007, 17(4): 969-996.

[120] ROCKAFELLAR R T, URYASEV S. Optimization of conditional value-at-risk[J]. Journal of Risk, 2010, 29(1): 1071-1074.

[121] LUEDTKE J, AHMED S. A sample approximation approach for optimization with probabilistic constraints[J]. Society for Industrial and Applied Mathematics, 2008: 674-699.

[122] KÜÇÜKYAVUZ S. On mixing sets arising in chance-constrained programming[J]. Mathematical Programming, 2012, 132(1-2): 31-56.

[123] LUEDTKE J R, AHMED S, NEMHAUSER G L. An integer programming approach for linear programs with probabilistic constraints[J]. Mathematical Programming, 2010, 122(2): 247-272.

[124] BEN-TAL A, NEMIROVSKI A. Robust solutions of linear programming problems contaminated with uncertain data[J]. Mathematical Programming, 2000, 88(3): 411-424.

[125] VANDENBERGHE L, BOYD S, COMANOR K. Generalized chebyshev bounds via semidefinite programming[J]. SIAM review, 2007, 49(1): 52-64.

[126] FAN K. A minimax inequality and applications[M]. New York: Academic Press, 1972: 103-113.

[127] BARON O, MILNER J, NASERALDIN H. Facility location: A robust optimization approach[J]. Production & Operations Management, 2011, 20(5): 772-785.

[128] BEN-TAL A, TEBOULLE M. Expected utility, penalty functions, and duality in stochastic nonlinear programming[J]. Management Science, 1986, 32(11): 1445-1466.

[129] CHEN X, SIM M, SUN P. A robust optimization perspective on stochastic programming[J]. Operations Research, 2007, 55(6): 1058-1071.

[130] MEILIJSON I, NÁDAS A. Convex majorization with an application to the length of critical paths[J]. Journal of Applied Probability, 1979, 16(3): 671-677.

[131] CHEN W, SIM M. Goal-driven optimization[J]. Operations Research, 2009, 57(2): 342-357.

[132] ZHANG Z H, BERENGUER G, SHEN Z J M. A capacitated facility location model with bidirectional flows[J]. Transportation Science, 2015, 49(1): 114-129.

[133] DURAN M A, GROSSMANN I E. An outer-approximation algorithm for a class of mixed-integer nonlinear programs[J]. Mathematical Programming, 1987, 39(3): 337-337.

[134] SHAHABI M, UNNIKRISHNAN A, JAFARI-SHIRAZI E, et al. A three level location-inventory problem with correlated demand[J]. Transportation Research Part B: Methodological, 2014, 69: 1-18.

[135] FLETCHER R, LEYFFER S. Solving mixed integer nonlinear programs by outer approximation[J]. Mathematical Programming, 1994, 66(1): 327-349.

[136] APS M. The mosek optimization toolbox for matlab manual. version 7.1 (revision 28). [EB/OL]. [2015-08-31]. http: //docs.mosek.com/7.1/toolbox/ index.html.

[137] LÖFBERG J. Yalmip: A toolbox for modeling and optimization in matlab[C]// 2004 IEEE International Conference on Robotics and Automation. New Orleans: IEEE, 2004: 284-289.

[138] CHEN A, YANG H, LO H K, et al. Capacity reliability of a road network: An assessment methodology and numerical results[J]. Transportation Research Part B: Methodological, 2002, 36(3): 225-252.

[139] PEETA S, SALMAN F S, GUNNEC D, et al. Pre-disaster investment decisions for strengthening a highway network[J]. Computers & Operations Research, 2010, 37(10): 1708-1719.

[140] GÜNNEÇ D, SALMAN F S. Assessing the reliability and the expected performance of a network under disaster risk[J]. OR Spectrum, 2011, 33(3): 499-523.

[141] KANTOROVICH L, RUBINSHTEIN G. On a space of completely additive functions[J]. Vestnik Leningrad University, 1958, 13(7): 52-59.

[142] FUJISHIGE S. Lexicographically optimal base of a polymatroid with respect to a weight vector[J]. Mathematics of Operations Research, 1980, 5(2): 186-196.

[143] GRÖTSCHEL M, LOVÁSZ L, SCHRIJVER A. The ellipsoid method and its consequences in combinatorial optimization[J]. Combinatorica, 1981, 1(2): 169-197.

[144] GOMORY R E. Outline of an algorithm for integer solutions to linear programs[J]. Bulletin of the American Mathematical Society, 1958, 64(5): 275-278.

[145] CHVATAL V. Edmonds polytopes and a hierarchy of combinatorial problems[J]. Discrete Mathematics, 1973, 4(4): 305-337.

[146] WOLSEY L A. Integer programming[M]. New York: Wiley & Sons., 1998.

[147] AHMED S, ATAMTÜRK A. Maximizing a class of submodular utility functions[J]. Mathematical Programming, 2011, 128(1-2): 149-169.

[148] WANG Q, WATSON J P, GUAN Y. Two-stage robust optimization for nk contingency-constrained unit commitment[J]. IEEE Transactions on Power Systems, 2013, 28(3): 2366-2375.

[149] PFLUG G, WOZABAL D. Ambiguity in portfolio selection[J]. Quantitative Finance, 7(4): 435-442.

[150] TANG C S. Perspectives in supply chain risk management[J]. International Journal of Production Economics, 2006, 103(2): 451-488.

[151] YU L, YANG H, MIAO L, et al. Rollout algorithms for resource allocation in humanitarian logistics[J]. IISE Transactions, 2019, 51(8): 887-909.

[152] POPESCU I. A semidefinite programming approach to optimal-moment bounds for convex classes of distributions[J]. Mathematics of Operations Research, 2005, 30(3): 632-657.

[153] AHMED S, PAPAGEORGIOU D J. Probabilistic set covering with correlations[J]. Operations Research, 2013, 61(2): 438-452.

[154] KUAI H, ALAJAJI F, TAKAHARA G. A lower bound on the probability of a finite union of events[J]. Discrete Mathematics, 2000, 215(1-3): 147-158.

[155] BONAMI P, BIEGLER L T, CONN A R, et al. An algorithmic framework for convex mixed integer nonlinear programs[J]. Discrete Optimization, 2008, 5(2): 186-204.

[156] KILCI F, KARA B Y, BOZKAY B. Locating temporary shelter areas after an earthquake: A case for Turkey[J]. European journal of operational reasearch, 2015, 243(1): 323-332.

[157] GEOFFRION A M. Generalized benders decomposition[J]. Journal of optimization theory and applications, 1972, 10(4): 237-260.

在学期间发表的学术论文与研究成果

发表的学术论文

[1] K Liu, Q Li, Z H Zhang, Distributionally robust optimization of an emergency medical service station location and sizing problem with joint chance constraints.Transportation Research Part B: Methodological. 2019, 119: 79-101 (SCI 收录, 检索号: WOS000456900900005，影响因子 4.574，JCR 一区).

[2] K Liu, Z H Zhang, Capacitated disassembly scheduling under stochastic yield and demand, European Journal of Operational Research, 2018, 269(1): 244-257 (SCI 收录, 检索: WOS000433017000019，影响因子 3.806，JCR 一区).

[3] K Liu, M Wang, Z H Zhang. "An outer approximation algorithm for capacitated disassembly scheduling problem with parts commonality and random demand" in Book: Large Scale Optimization Applied to Supply Chain & Smart Manufacturing: Theory & Real-Life Applications. Springer, 2019, 149: 153-181 (图书章节，检索号: 2-s2.0-85072797774，被 Web of Science, zbMATH, Mathematical Reviews and SCOPUS 数据库检索).

[4] Q Li, K Liu, Z H Zhang, Robust design of a strategic network planning for photovoltaic module recycling considering reclaimed resource price uncertainty, IISE Transactions. 2019, 51:7, 691-708 (SCI 收录, 检索号: WOS000471179400001，影响因子 1.417).

[5] W Liu, K Liu, T Deng, Modeling, Analysis, and Improvement of An Integrated Chance-constrained Model for Level of Repair Analysis and Spare Parts Supply Control. International Journal of Production Research. Accepted (影响因子 3.199, 检索号: WOS000475159400001，JCR 一区).

获 奖 情 况

[1] 国家奖学金，2017 年.

[2] 清华大学综合优秀奖学金——光华奖学金，2016 年.
[3] 清华大学综合优秀奖学金——梅贻琦奖学金，2018 年.
[4] 清华大学综合优秀奖学金——张明为奖学金，2019 年.
[5] 第十七届中日友好 NSK 机械工学优秀论文奖，2019 年.
[6] 全国工业工程博士生学术论坛最佳口头报告奖，2019 年.
[7] 清华大学研究生社会实践奖学金，2017 年.
[8] 清华大学优秀研究生德育工作助理，2017 年.
[9] 清华大学优秀研究生共产党员，2018 年.
[10] 清华大学优秀博士学位论文，2020 年.
[11] 北京市优秀毕业生，2020 年.

致 谢

衷心感谢张智海导师对本人的精心指导。张老师作为我科研道路上的引路人，从编代码开始，不厌其烦地回答我科研过程遇到的各类问题。张老师严谨的工作态度、和蔼可亲的待人风格、踏实勤奋的工作作风无时无刻不在影响着组内的全体同学，张老师的言传身教将使我终身受益。

在美国密歇根大学进行六个月的合作研究期间，承蒙江瑞威老师的热心指导与帮助，使我对分布式鲁棒优化的理论和应用有了更深的认识。江老师还将我推荐给选址领域的奠基人 Mark Daskin 教授，能与 Daskin 教授和亚利桑那大学的 Daoqin Tong 教授合作是我的荣幸。感谢合作者——弗吉尼亚理工大学谢伟君老师给予我的指导和帮助。

感谢 518 实验室的张延滋师姐、田晓雨、李乔峰、管美娜、梁景然、龚海磊、刘冲、黄森、赵也佳及工博 15 的同学们，是你们的鼓励和支持使我读博的路上充满阳光。感谢邓天虎老师、刘维妙、王萌和张恒梁在合作研究中的卓越贡献。感谢研工组的何方老师、王琛老师、刘文君老师，以及并肩战斗的党支书、研工助理们在学生工作方面给予我的帮助和支持等。感谢 ThuThesis，让我的论文格式规整了许多。

感谢我的父母、姥姥、爷爷奶奶对我一直以来的关爱、照顾和支持，感谢公公婆婆在疫情期间为我烹饪美食、照顾我、关心我，感谢爱人周同八年来的陪伴和鼓励，你们的支持是我前进的最大动力。

2020 年 5 月

于北京